ちくま文庫

鉄に聴け 鍛冶屋列伝

遠藤ケイ

筑摩書房

鉄に聴け　鍛冶屋列伝

目次

鉄に聴け　鍛冶屋列伝

まえがき

鍛冶屋は、火を自在に操り、鉄や鋼を加工して刃物や道具を作り出す職人である。鍛冶屋が作る刃物や道具は、人間にさまざまな生産を可能にする。切れ味鋭い刃物がなくて成り立つ仕事は一つもない。その技は、人類の文化や文明の起源に関わる神の託宣《たくせん》にも等しい。

鍛冶屋は、僕の憧れの仕事である。永年、鍛冶屋になりたいという願望を抱き続けてきた。その夢は、鞴《ふいご》の風で千変万化する火床《ほど》の火のように、燃え上がったり、消えかけたりしながら、火種が燻り続けた。

僕は、幼い頃から鍛冶屋の仕事や生活を見てきた。生まれ育った町は新潟県三条市。刃物の町、鍛冶屋の町である。表通りから路地を折れれば、間口が二間《けん》ほどの小さな鍛冶屋が軒を連ね、トンテンカーンという槌音が響いていた。開け放たれた赤錆だらけのガラス戸から覗くと、薄暗い土間の奥で火床の火が燃え、横座に偏屈そうな親父が座っている。顔は煤で汚れ、鼻の横が黒い。座業であるために、大抵は腰が曲がってガニ股だ。汚れた服は火花であちこち穴があいている。口さがない連中は、それを〝鼻黒鼬《いたち》〟、〝鍛冶屋ボロ〟などと揶揄《やゆ》した。

だが、僕にはそれが崇高な男の生き様に映った。鍛冶場の真ん中に埋められてテコでも動かない金床のように自信に満ちた姿が、かっこよく見えた。鍛冶屋の姿がない鍛冶場は、まさに火が消えたように空虚だが、横座に鍛冶屋が座るとピタリと絵が完成し、命が宿る。市井《しせい》の片隅の小さな世界だったが、虚飾をかなぐり捨てた骨太の人生の形があった。

僕は、学校の行き帰りや、使いの途中で鍛冶屋の軒下にしゃがみ込んで作業を眺めるのが好きだった。鍛冶屋の仕事は気迫に溢れていた。狸穴《まみあな》のような暗い作業場に、鬼の呼吸のような荒々しい鞴の風音が響き、火床の炎が妖し気に燃える。火床に鉄や鋼が入れられ、鍛冶屋がジッと凝視する。火の色で微妙な温度の変化が分かる。やがて火を吸って真っ赤になった鉄を摑み出し、渾身の力で金槌を打つ。金床を叩く激しい槌音と規則正しいリズム。花火のように火花が飛び散る。水打ちをすると鼓膜を震わす破裂音がする。鍛冶屋の手元で鉄が変形し、包丁や鎌や鋤などの形が打ち出されていく。頭の中に設計図があり、手が寸分たがわず仕上げていく。僕はその様子を、圧倒されながら固唾《かたず》を飲んで見入った。

僕の生家は、曲金《さしがね》という計測器を作る町工場だった。しかし戦後間もない時代は機械化が進んでおらず、内情は鍛冶屋と変わらない手作業だった。幼い頃は、父親と母親が川の近くに借りた小さな工場で仕事をしていた。末っ子の僕は工場の柱にひもで結《ゆわ》かれて遊んだ。赤錆びた土間を這い、送風機やグラインダーの音と、飛び散る火花の中で、必死に働く親の後ろ姿を見て育った。鍛冶屋への強い憧憬は、父親に対する渇仰と思慕であると同じに、僕の中に確実に受け継がれている職人の血の確認でもあるかもしれない。

小学校に上がる頃には、親の目を盗んで作業場に潜り込み、鉄や鋼を打って忍者遊びの十字手裏剣やナイフを作ったりした。一度、刃渡り十数センチの短刀を作り、肥後守ナイフしか持っていない仲間に自慢して歩いた。だが、それを父親に見つかり、頭にゲンコツをくらわされて取り上げられてしまった。刃物は遊びで持つもんじゃないと言いたかったのかもしれない。

その後、僕は成長するとともに、鍛冶屋への夢から遠ざかっていった。世の中は戦後の高度経済成長期に突入していった。古い日本の文化や価値観が否定され、欧米型の物質的な豊かさを盲信した。金と合理主義、そして学歴偏重の社会がこのときに始まった。安価な大量生産品が出回り、効率の悪い職人仕事が切り捨てられていった。地味で汚い鍛冶屋の仕事は嫌われた。大人社会の変貌は少年の将来にも影を落とした。何を人生の指針にすればいいのか分からなくなった。

そして、世の中がどう変わろうと、どうせオレ一代。消えてなくなるものなら消えればいいや、という職人達の潔《いさぎよ》いまでの自信と頑固さが眩しい一方で、逆にうとましく感じたりした。時代の変化に遅れて、同じ物を作り続ける職人の意固地さが、努力を怠ってやせ我慢をしているだけのように思って嫌悪した。父親に対する反発もあった。僕は十五歳で故郷を出て、絵の世界に入った。鍛冶とはまったく無縁になった。

長い間忘れていた鍛冶仕事を再開したのは、房総の山中に移住してからのことだ。三十歳になっていた。ある意味で、便利で快適な都会生活に見切りをつけ、自ら望んだ不便、不自由な田舎暮し。生活の一切合切を自分の手で作り、必要な道具を手作りしていくことを身上としてきた。丸太小屋を建て、家具を作り、ストーブや風呂を作った。そして生活の道具としての刃物を作った。

刃物作りを再開する中で、次第に眠っていた職人の血が疼き出してきた。少年時代の鍛冶屋への夢が頭をもたげ、どんどん膨張していった。父親の姿が脳裏にチラつき始める。鍛冶仕事をしていると心が躍り、気持ちが平穏でいられた。その、心の充足感がかけがえのない貴重なものに感じた。そして、それがずっと昔に置き忘れてきたものだということに気付いた。

手作りの道具は、作り手の技術や人生そのものを映して個性がある。刃物などの道具への親しみや愛着は、それを使うことで形作られる仕事や生活に対する喜びに通じる。それは、大量生産の使い捨ての道具では得られないものだ。優れた職人が作った道具には、人間にとってもっとも尊いものが練り込まれ、打ち鍛えられている。

伝統的な日本の鍛冶の世界をもっと知りたくなった。鍛冶屋になりたいと本気で思った。僕は鍛冶屋修業の旅に出た。それは、単に技術の習得だけでなく、人間としての価値ある生き方を模索する人生修業の旅にもなった。だが、いざ始めてみると自分が鍛冶について何一つ知らない無知な人間であることを痛感させられた。

鍛冶の世界はとてつもなく奥が深い。行く先々には、奥行きが見えない深遠な世界がポッカリ口を開け、その入口に懐かしい頑固一徹な職人が金槌とヤットコを持ち、手ぐすねひいて待ち構えていた。

I

1 鮎の切り出しナイフ

「三代助丸」碓氷金三郎（新潟県与板町）

懸案の鍛冶小屋作りが遅々として進まない。庭の隅の予定地に杭を打ち、糸を張ったまま放置され、とうとう雑草に埋まってしまった。旅が重なったせいもある。帰ってくると猶予期限ギリギリの原稿がたまっている。持病の腰痛をこらえ、とぼしい脳髄を絞りながら原稿用紙の枡を埋め、絵筆を運ぶ辛苦の作業。窓から望む風景の移《うつろ》い、足元の草花に心を解く余裕もない。我が家は車が入れない山間にあり、いま、山の麓から材木を担ぎ上げ、小屋作りにとりかかる肉体的、精神的ゆとりは、さらにない。因果応報、慙愧にたえない。

しかし、その間にも、合間をみて小振りのナイフ二本、イソガネ（海に潜ってアワビやサザエ、ウニなどをはがし捕る道具）を一本鍛造した。材料はいずれも自動車の板バネ。例によって廃材利用。これくらいの鍛冶仕事なら、いまの作業場の設備と道具で作れる。全《オール》鋼製の板バネであれば、地金と鋼を鍛接するという難しい工程を避けて通れる。炉で赤め、金床の上でガンガン打ち伸ばして形を仕上げたら、焼きを入れれば出来上がる。必要なのは腕力と根気。腕の筋肉痛と腰痛と引き替えに、体を動かすことで頭がスッキリする。

初歩的なことだが、技術的な発見、進歩もある。火炉の火、赤めた鋼の色（温度）の見方、槌の打ち方、等々。硬質の鋼を薄く打ち伸ばしていくには、赤めた鋼板を金床の角に当て、ヤットコ（金挟）を持つ手を少しずつ手前に引きながら叩いていくといいということが分かってくる。また金槌は腕力だけでなく、全身のリズムで打つことを身体が覚え、適応していく。常に理屈はあとからついてくる。牛歩どころか、蛞蝓《なめ》蝓《くじ》の這うごとく、鍛冶の道程は遥かに遠いが、一メートル七六センチ、八六キロの図体《ずうたい》を支配する細胞群の何億、何十億分の一でもが鍛冶仕事に順応していく実感がうれしい。

事を急ぎ、あせる必要はない。世の流行事《はやりごと》とは無縁の己の生き様や人生。他人と競い合う必要もない。時間はいくらかかってもいい。所詮、素人の道楽鍛冶。叩き上げの職人の域にせまれるべくもないが、秘めたる気構え、真情は軟弱《やわ》ではない。ボクの鍛冶屋修業にかける内なる情熱はメラメラと燃えている。

閑話休題。僕が常に身近に置き、後生大事にしている一本の切り出しナイフがある。その切り出しは鮎の形をしている。清冽な渓流に身を削ぎ落とした清楚で崇高な美しさが漂っている。越後は与板の鍛冶「三代助丸」、碓氷《うすい》金三郎の作である。

長年、もの作りに愛用していながら、この鮎の切り出しが気になって仕方がなかった。造形的な美しさだけではない。本来の、道具としての機能を完璧なまでに満たしている。握った手にしっくり馴染む。穏やかにくびれた尾の付け根にかけた小指に支点をおき、頭の後ろ下方に親指の腹を当てる。肉の厚み、丸みのある姿態。手のどこにも食い込んでくるところがない。若鮎をそっと掌《たなごころ》に抱いた感触。

左手親指を添え、軽く押すと、研ぎ上げられた刃が滑るように木に食い込んでいく。切れ味が素晴らしい。切り口が艶やかで美しい。使うたびに惚れ惚れする。驚嘆し、絶句する。

職人の技である。その確かな職人の技と心の余裕が遊びを生み出す。どこにも気負いや、奇を衒《てら》ったやましさが感じられない。未熟な作家にありがちな上っ面のこけおどし、ウケ狙いの作品と違って、飽きないのだ。安心感がある。

背後に、洒落のめして少しはにかんだ職人の笑顔が見え隠れする。その境地や、戯れ事は鍛冶屋修業に足を踏み入れた身にとって羨望を通り越して、眩しい。

「三代助丸」作
鮎の切り出し。
姿美しく、
切れ味鋭い。
職人の技と心の
余裕が生み出した
傑作。
くびれた
尾のつけ根に
小指をおく。
そこが支点に
なる。
「三代助丸」
碓氷金三郎さん。
(大正六年生)
越後与板町の
「兵部鑿」の
名工。
人柄が作品
にしのばれる。
頭の後ろに
親指を
そえる。
一方の手の
親指を
そえて
押す。
☆名工の遊び心、
つきるところがない。

「帰郷」

「飛燕」

「鮫」

浅学を承知でいえば、道具というのは使い勝手。つまり機能性で価値が決まる。鋸《のこぎり》、鑿《のみ》、玄翁《げんのう》、鉋《かんな》、鉈《なた》、斧《おの》、鍬《くわ》、鎌《かま》、包丁《ほうちょう》、鋏《はさみ》等々。ありとあらゆる道具は、実用道具としての機能性の究極を求められる。もちろんナイフも例外ではない。道具を作る職人は、その点に心血を注ぎ、生業を賭す。

使い勝手、機能性の極致は、一切の粉飾、無駄を削ぎ落とした果てにある。機能性を極めた道具は美しい。簡素の中に研ぎ澄まされた造形美がある。

道具は人間が手や身体の延長として使うものだ。人間には、身体の一部をすげ替えられれば違和感を覚えると同様に、手に馴染まない道具を見抜く直感力が備わっている。ある意味で、人間は頭（観念）でなく、手（感覚）で思考し、判断する動物だ。使い勝手のいい道具は美しい。そして美しい道具は使い勝手がいい。〝機能美〟は美の根源に位置するといってもいい。

だが、優れた職人はそこから遊ぶ。機能性を損なわない部分にいたずらの手を加える。あるいは手がもつ柔軟性、いい意味での、肉体的機能の汎用性の範囲で意匠を凝らす。その余裕、ゆとり、遊び心に思わずニヤリとさせられ、親しみを覚えさせられる。道具としての成り立ち、特性を極めた者だけが許される遊びといってもいいかもしれない。

「三代助丸」碓氷金三郎作の鮎の切り出しにはそれがある。雅趣溢れる意匠から、鍛冶職人としての確かな技、無垢な童のような遊び心と人間性が滲み出ている。

鋭い切れ味を秘めた硬鉄の鮎に魅せられて越後、与板へとんだ。憧れの名工、碓氷金三郎さん（大正六年生まれ）がそこにいる。

三島郡与板町（現長岡市）は、信濃川左岸に沿い、三島丘陵に接して開けた町で、江戸時代、井伊氏二万石の城下町だった。

また「兵部鑿《のみ》」で世に知られた鍛冶屋の町でもある。碓氷さんはその与板の鑿の名工・土肥宗蔵系の三代の鑿鍛冶。鑿の本場にあって屈指の名工といわれている。意表をつき、心をとらえてやまない鮎の切り出しは鑿鍛冶の生業に遊ぶ余技。

「鮎の切り出しを初めて作ったのは昭和二十七年。作家の吉川英治さんに進呈するために作った。鮎にしたのは姿がいいから。ほかの魚だと鯉に見えたり、鮭に見えたりする」

碓氷名人、人なつこい笑顔で、こちらの思い入れをさらりとはぐらかす。名工の気取りはない。天真爛漫、天衣無縫の人柄が心を和ませる。

作家、吉川英治と越後鍛冶の関わりは、三条出身で日本刀の冶金学研究の第一人者であり、後年自らも鍛冶の道に入った岩崎航介氏に始まる。

岩崎氏には、戦前、吉川英治が朝日新聞に「宮本武蔵」を連載し、大評判をとっていた頃、時代小説の日本刀観のデタラメぶりに対する義憤おさえがたく、吉川英治の元へ単身ねじ込んでいった逸話がある。

その後、岩崎は吉川の知遇を得ることになるが、碓氷さんは、その岩崎航介に鍛冶の教えを受けた。

「私は鍛冶屋の倅で、こどもの時から手伝いはやらされてきたけど、すぐには跡をつがなかった。昔は鍛冶屋の鼻ぐろといわれて、格好が悪かった。家業が嫌いだった。それで東京の白木屋っていう百貨店務めをしていた。与板に帰って本格的に鍛冶屋を始めたのは三十歳すぎてから。鍛冶屋の世界では〝中年モン〟といわれる。腕の悪い代名詞だ。小僧から年季奉公した人にはかなわない」

碓氷さんは、ハンデをバネにして研究に没頭した。師と仰ぐ岩崎氏に推められて、昭和二十八年当時七万円近くもした金属顕微鏡や硬度計を買い入れ、千代鶴是秀氏をはじめ、全国の名人といわれる職人を訪ねた。教えを請い、秘かに作品を調べた。

切れる刃物の金属分子や硬度などを見た。優れた刃物の毛状組織は砂状になっている。それが糸状に繋がっていると折れやすい。炭素の量が多く、鋼《ハガネ》が硬いほど刃物はよく切れるが衝撃に弱い。折れたり、刃が欠けやすい。なかには甘い刃物を使って無難に仕事をこなしている人もあった。

「三代助丸」碓氷金三郎作の鮎の切り出し

碓氷さんは現在、鋼は安来の白紙二号を使っている。白紙は玉鋼に近い材質。コストは安いが、熱処理、焼き入れが難しい。安い白紙を自在に扱って、そのよさを出せるのが腕のいい鍛冶だといわれる。白紙のほかに青紙と呼ばれる鋼もある。これはタングステンとクロームが入った特殊鋼で、火造り熱処理の幅があるので扱いやすい。

「鮎の切り出しは少しずつ微妙に形が変わっている。自分で造ってみて、尾の形を直したり、握りいいように少し肉をつけたりする。これでいいということはないかもしれない」

鉄の鮎は生きている。碓氷名人の掌《たなごころ》に遊び、命を吹き込まれていく。邪気のない名人に育てられた鮎は渓流に泳ぐ活鮎のようにイキイキしている。

「名人になろうと思ったら金儲けをしちゃ駄目だ」

碓氷名人が最後に一言そういった。その人の手になる道具を持つ者は幸せだ。

この日一日、碓氷名人に手とり足とり教わって、鮎らしき切り出しを一本仕上げた。師自ら、タガネを持って、二人の銘を刻んでいただいた。一生の宝物になった。

2

ブッシュナイフ

稲越登（鉈鍛冶、新潟県三条市）

路地表に漏れるかすかな槌音に引き寄せられるように軒をくぐった。体を斜めにして通る、狭くて薄暗い通路。そのむこうに縦一文字に切り取られた夏の明るい風景が眺められるが、陽の匂いはここまで届かない。

汗ばむ肌にまとわりつく湿気に、鉄屑の匂いと鼻孔を刺激するコークス特有の臭気が澱んでいる。ガタンガタンというベルトハンマーの音が狭い隙間に増幅し、その震動を足の裏からも感じ取ることができる。

軒下の通路を抜けると左手に作業場がある。間口三間《けん》、奥行き二間の作業場内部は何もかもが黒く煤《すす》けている。鉄粉と油を吸った黒い土間。煤が層を成し、炭化した壁と天井。万力、グラインダー、金床、ベルトハンマー等々、一切合財が煤を被り、油を吸っている。

唯一、色を添えるのは怒ったように赤く燃える火床《ほど》の炎。そして、そこに炎を操る〝鼻黒鼬《いたち》〟の錬金術師、鍛冶職人がいる。人間と鍛冶場が溶け込んで、異和感がない。生業の重さが染みついている。

鍛冶職人は稲越登（六十三歳）。越後、三条の鉈専門の鍛冶。火床の炎で汗を絞り取られた痩身の体軀に、ハンマーで鍛えた無駄のない筋肉。

鼻の際《きわ》や眉間の皺、耳が煤で黒い。胸元を二重に縫い合わせたシャツにところどころ火花の焦げ跡がある。かつての鍛冶屋の蔑称〝鼻黒鼬《いたち》〟、〝鍛冶屋ボロ〟を地でいっている。だが、いまは逆に崇高で誇らしい。「本物の鍛冶屋」を直感させる。

僕自身の深層に描き続けた鍛冶屋の心象風景が、確かな現実として目の前にある。郷愁と同時に、焦がれた相手に巡り会えたようなうれしさがこみ上げてくる。

その思いが一入《ひとしお》なのには理由がある。実は越後、三条へは刃物の鍛造、とくに地金と鋼の鍛接技術を学びに来た。

三条は古くから「東の三条、西の三木」と口伝されるほどの金物の町、鍛冶屋の町である。そして僕が生まれ育った故郷でもある。

こどもの頃には、路地を曲がれば鍛冶屋が軒を連ね、トンテンカーンという規則正しい槌音が響いていた。年中開けっぱなしのガラス戸からは、偏屈そうな親父が一心不乱に鉄を打つ姿が覗けた。

鞴《ふいご》の荒い呼吸《いき》、千変万化に燃える火床の炎、飛び散る火花、鼓膜を震わす金属音、何の変哲もない鉄の塊りが鍛冶屋の手によって鎌や包丁に生まれ変っていく様子を見て育った。職人への憧憬、鍛冶仕事人への強い興味の素地、原点を育《はぐく》んだ所でもある。

しかし、三十余年の歳月が三条の鍛冶屋を一変させていた。町中を訪ね歩いても、昔ながらの鍛冶屋がどこにもない。路地裏にあった小さな鍛冶屋は廃業し、こぎれいな住宅や店に変わっている。

市内を追われて、郊外に移った鍛冶工場を何軒か訪ねてみると、ほとんどが地金と鋼が一体化した複合材を型抜きしてグラインダーで刃をつけただけの、大量生産の紛い物。薄利多売合理性一本槍の〝経営〟に血道をあげている。

伝統を誇る三条の鍛冶屋は、鞴を捨て、火床を壊して、画一的で無味乾燥な製品《もの》を作る機械を入れた。そして、出来にこだわる一徹な職人の気骨を捨てて、世渡り上手な商売人に変容を遂げてしまったようだ。日本の鍛冶が誇る火造りの技はどこに行ってしまったのか。時代の趨勢といってしまえばそれまでだが、昔を知る者にとっては寂しい。熟練した職人の手仕事を慈しむ者にとって胸が締めつけられるほどに辛い。

稲越さんとの偶然に近い出逢いは、そんなやり場のない私憤と失望感を払拭してく

地金を火床で赤めて打ちのばす。

接合剤(ホーサンと鉄粉)を鋼との鍛接面に盛る。

稲越登さん(63歳)新潟、三条市の鉈専門の鍛冶。丁稚奉公から叩き上げの一代鍛冶。

打ちのばした鋼をのせる。両刃の場合は、その上に地金をのせる。

加熱し、ハンマーで打ちながら鍛接する。

れた。作業場を一瞥しただけで、鍛造による鍛冶仕事を守っていることは分かる。

そしてその体軀から年季の入った叩き上げの鍛冶であることが知れる。三条の鍛冶屋の意地を見るようでうれしかった。

「ブッシュナイフを一本作って戴きたい。そして、その作業を見学したい。とくに地金と鋼の鍛接の工程が見たい」

声が上ずっていたかもしれない。少々興奮していたことは確かだ。鉈専門の鍛冶に、いきなりブッシュナイフを作れというのも乱暴な話だ。礼を失することも承知している。不意の訪問者を訝しく思われたに違いない。本来なら、どやされても仕方のないところだ。だが、切なる心情が通じた。熱意が職人気質を突き動かした。

「それじゃ、やってみるか」

返事に長い沈黙を要した。歓喜に踊り出したいほどだった。その日は、明日の時間を決めて辞した。

翌朝から、酔狂のブッシュナイフ作りが始まる。稲越さんが黙々と作業を進める。コークスが篩《ふるい》にかけられ、さらに水で洗われる。粉が多いと鍛接時に支障をきたす場合があるという。

火床に火が入れられる。鞴が息を吐く。濛々たる煙が立ち登り、炎が立つ。煙に混って、細かい煤が舞い上がり、頭上から降ってくる。それを呼吸するうちに鼻の穴が黒くなってくる。

火床の山の底から灼熱のマグマ溜りが湧き上がってくる。濡れたコークスが白く乾いていく。ジワジワと火口が広がっていく。青白い炎がバリアを作る。職人の真剣な眼差しが注がれる。

鉄の塊が入れられる。鋼板がくべられる。鋼は安来の白紙。玉鋼に近い素材で熱処理、焼き入れが難しい。ちょっと温度が上がりすぎると打ったときに砕けることがある。焼き入れで焼きヒビが入ることもある。

稲越さん自身、過去に何度か失敗している。戦後十年間の年季奉公が明けて独立した頃、鋼を黄紙から白紙に変えた。黄紙や青紙は熱処理に幅がある。その微妙な火造りに辛酸を舐めた経験がある。とくにコークスだけの火造りだと温度が上がりすぎる。

一般に鍛冶に使われる柔らかい松炭はどんなに赤めても八〇〇度以上に上がることがなく、一つの目安になるが、コークスは送風で軽く一二〇〇度以上に上がる。温度計で計ったことはない。すべてが勘による作業。職人の腕が試される。

「鉄が赤くなると八〇〇度、コークスの赤さが抜けて白っぽくなると九〇〇度、火花がパチパチと飛ぶようになると一〇〇〇度以上」

ヤットコが溶解寸前の鉄を引き出す。ベルトハンマーが槌を打つ。稲越さんは一人鍛冶。硬鉄の向こう槌が相槌を打つ。足元のペダルで自在に操る。

修業時代は引っ張りハンマーだった。ロープを引っ張って鉄の塊りを落とす。親方の無言の指示で、弟子が引っ張りハンマーを打ち降ろす。打つポイント、強弱、調子の緩急などを叩き込まれた。親方の意にそわないとハンマーが飛んできた。

鉄が打ちのばされ、変形していく。刃を薄くすると、その分、鉄がのびて背側に反る。反対側を打って戻す。頭に描いたブッシュナイフの形が仕上がっていく。

鋼を刃の形に打ちのばし、さらにもう一枚鉄を打つ。注文したブッシュナイフは両刃。左右から鋼を挟んで鍛接する。

本来なら地金を割り込んで鋼を抱かせるが、ベルトハンマーの調子に微妙な狂いが出ているために工程を避けるという。

作業は鍛接に移る。鍛冶場に緊張が走る。身を乗り出して凝視する。場数を踏んだ職人でも身が引き締まる瞬間だ。火花防けの眼鏡の奥の視線が険しい。

接合剤を盛りながら地金と鋼を重ねる。接合剤は硼酸《ほうさん》を主として調合された既製品だが、昔は鍛冶が硼酸や鉄粉などを独自に調合した。ちなみに、鉄粉はグラインダーやヤスリで削り落とした粉を集めて使った。粗い鉄粉をさらに薬研《やげん》で細かくして使う。

接合剤が盛られ、火床で加熱される。薬が煮えてジクジクと泡立つ。溶けて流れる直前に取り出し、ハンマーで打つ。地金と鋼が身を焦がし合って接合する。

　金床に水が打たれ、ハンマーが振り降ろされる。手元で爆破音が響く。熱い飛沫が飛び散る。鍛接に欠かせない「水打ち」の作業。熱せられた鉄と水の間にたまった飽和状態の空気を衝撃で瞬間的に爆発させ、鉄の表面に生じた錆や不純物を吹き飛ばしてしまう重要な工程だ。

「鉄は七〇〇度くらいになると錆が出る。そのまま鍛接してしまうとジク（錆むら）が鋼の中に入ってしまう。研いでも落ちない。売り物にはならない」

　鍛冶仕事の奥の深さ、職人の生業の重さにあらためて驚愕する。

　作業は荒成形を経て、調質、焼き鈍《なま》しに入る。焼き入れのときだけ松炭が使われる。焼き鈍しは藁灰が使われ、「灰《あく》鈍し」ともいわれる。

　藁束を燃した灰の中に入れて六〜一二時間かけて自然冷却することで、高温で叩いたヒズミを戻す。鋼中の炭

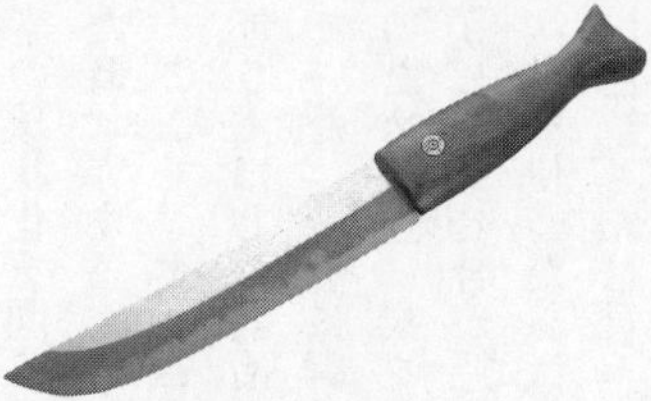

稲越さんが鍛接し鍛えた刃に著者がハンドルを付けた。一生使うための刃物作りに捧げた熟練の腕が冴える。

素の球状化を図る。かつて、鍛冶の渡り職人を雇う際に、藁を燃やさせて技量を試した時代がある。

ここで、ずっと心の底に燻《くすぶ》っていた疑念が一気に氷解した。正直に告白すると、稲越さんほどの鍛冶が火造りになぜ、炭を使わず、コークスに頼っているかが気になっていた。一般に鋼は赤めると炭素分が放出され、ナマクラの軟鉄に戻ってしまう。そのため、逆に炭を燃料にすることによって炭素分を補ってやる。コークスだけではどうしても具合が悪い。だが、炭は高価で大量に消費する火造りでは使えない。

「炭を使ったら飯が食っていけない」

稲越さんは言った。それは手打ちの鉈の値段を聞いて納得する。三条の金物は特異な金物問屋の流通によって発展してきた歴史がある。

職人は常に零細な仕事を強要されてきた。資力がなく、自ら販売する力も方法も持たず、一切を金物問屋にゆだねるしか生きる手だてがなかったことに、すべてが起因する。

ここでまた、鍛冶屋が直面する厳しい現実をつきつけられ、愕然とする。そして、連綿と受け継がれてきた家業を捨て、合理化と生産性に走った工場主と同じ現実を抱えて呻吟する鍛冶職人の姿を見る。

だが、稲越さんは鍛冶を捨てない。〝炭を使いたくても使えない〟ハンデを技術で克服しようと琢磨している。微妙な火の温度、ハンマーの力加減。藁灰による焼き鈍し、焼き入れ、焼き戻し等々。細部に熟練した鍛冶の技を賭して、鍛冶を守ろうとしている。それは諦めではない。崇高なる挑戦だ。

自分では鍛造も焼き入れもできないのに、目の玉が飛び出るほど高価なカスタムナイフを売り物にするナイフ作家が目立つ昨今、稲越さんの生き様は清々しくさえある。

越後三条の片隅に真摯に生きる名もなき鍛冶がいることを肝に据えておきたい。鍛冶、稲越登の鍛えた山刀は僕の精神《こころ》を映す鏡としたい。

火の色で温度を見る。そのため、鍛冶場は暗い。

接合剤。細かい鉄粉と硼酸を混ぜる。

3　魚捌きナイフ

矢矧幸一郎（鋏鍛冶、千葉県館山市）

土間特有の、湿気を含んだ鍛冶場の暗がりに赤々と小さな炎が立つ。重い静寂に送風機の荒い息遣いが響いている。

はじめに火床《ほど》に炭がくべられ、火種が入れられたときには鼻をつく臭気が立ち、ほの白く薄い煙が踊った。炭は次第に怒気を滾《たぎ》らせながら赤々と熾《お》き、コークスの山に広がっていく。

再び猛烈な臭気がたちこめ、目と鼻を刺激する。くすんだ灰鼠色のコークスが一瞬、黒色を強めると、やがてパチパチと小さな火花が爆《は》ぜながらメラメラと燃え上がっていく。

輝赤色の陽炎《かげろう》の芯に、透明感のある黄白色のマグマが沸いて目を射る。火床の中の小さく、壮大な噴火口。恐ろしく、また心惑わす妖しい情熱の小宇宙。

火と向かい合ったときの、こうした緘黙《かんもく》の時間に強く魅かれる。鍛冶仕事の静かな緊張感と心の昂《たか》ぶり、研ぎ澄まされた気魄とひたむきな生き様に憧れる。

四十路を指折り数える年齢になってなお、気恥ずかしいばかりに純な鍛冶屋への憧憬は、燃えつきぬ火種となって燻《くすぶ》り続ける。雑文書きに三文絵師。二足も三足も草鞋を履いて、酔狂の鍛冶屋修業。

鍛冶仕事の境地、深淵が覗ける日はいつくるのか。一端の鍛冶職人を標榜できるようになるまで、どれほどの歳月を必要とするのか。どこからか年季の入った職人の嘲笑が聞こえてきそうだが、気構えは軟弱ではない。やってみるしかないと腹を据える。

火床の火が赤々と燃えている。横座の傍らに据えられた金床の上に地金と鋼が置かれている。接合用の鉄ろう、金槌、ヤットコ、必要な道具がすべて揃っている。職人が座る横座だけが空いている。

本来なら、この鍛冶場の主で、「君萬歳久光・金切鋏」の名工、矢矧《やはぎ》幸一郎さん（六十一歳）が座す席である。だが、火床に火を入れると、場を退いて傍らでニコニコと笑っている。

鍛冶の俄《にわか》弟子入り志願者を快く迎え入れ、〝神聖〟な横座を空けてくれている。身が引き締まる。

矢矧さんは切鋏四代目の鍛冶。「君萬歳久光」の銘は、世の同業鍛冶職人が賞賛してやまない名作である。先祖は刀鍛冶で、明治十五年に初代が東京の秋葉原で鍛冶場を開いたのが発祥。

その後、明治年間に廃刀令が出されたために鋏鍛冶に転向。二代目が大正十年に千葉県館山市に移住した。

「君萬歳」の銘の由来が面白い。日露戦争で乃木大将が二百三高地を攻略し、敵陣の鉄条網が破れずに苦戦した。その際、「久光」の鋏でようやく切れて、突撃路が開かれた。凄惨なる戦場に時ならぬ「万歳、万歳」の大歓声が上がり、それを記念して「君萬歳久光」と銘打つようになったという。「君」は明治天皇を指す。

四代目に当たる矢矧さんは十六歳で家業につき、師匠である父の下でみっちり仕込まれた叩き上げの鍛冶である。矢矧さんとは同郷の好《よしみ》もあって十数年前に一週の機会を得て以来の、旧知の仲。その縁《えにし》を頼っての俄弟子入り志願。とくに鍛冶の根幹を成す火造り、地金と鋼の鍛接技術を実地に学びにおしかけた。

「仕事は体で覚えるものだ。手が自然に動くようにならなければよい仕事はできない」

矢矧さんが修業時代に叩き込まれた精神が、半端な〝弟子〟にも寛容に経験の場を与えてくれている。それが何よりうれしく、有難い。

地金と鋼を赤め、打ちのばす。
赤めた地金に鉄ろう（ホーサン・ホーシャ・鉄粉）を盛る。
片刃のブレード。魚捌き用、切り出しナイフにする。
鋼をのせる。
火床に入れて赤めてから、金槌で打って鍛接する。

せきたてられるように横座に座る。腰が落ち着かない。座の高さ、火床や金床の位置が体に合わず窮屈なこともある。だが、それよりも稚拙な技量を、名人の凝視の下に曝《さらけ》出す緊張感が心をかき乱し、臆させる。しかも、誰の手も借りず、最初から一人で地金と鋼を鍛接するのは初めての経験である。

刃物の火造り、鍛造そのものは、まったくの未経験ではない。長年ライフワークとする民俗学の調査、取材で全国各地の鍛冶職人を訪ね、その卓越した技をつぶさに見てきた。座興に向こう槌を持ち、相槌を務めさせてもらったことも何度かある。

また、普段自分でも自動車の板バネやら複合材で刃物作りをしている。ドラムカンを利用した火床で赤めて鍛え、焼き入れも鈍《なま》しも自分でやってきた。

だが、まったくの我流である。一応ナイフの様を成してはいるが、厳密に火の温度や、手順が理に適っているかどうかは分らない。ただ、がむしゃらにやってきただけで、論理的な裏付けを持たない。だから、年季の入った職人の前では畏縮してしまう。

しかし、何事も経験。腹をくってヤットコを持つ。長さ五寸ほどに切ってある地金と鋼を火床の火にくべる。鋼は安来の青紙。青紙はタングステンとクロームが入った特殊鋼。玉鋼に近い白紙に比べ、火造り熱処理に幅があるので比較的扱いやすい。

また、白紙より焼き入れがよく、耐摩耗性に優れた特質がある。硬い金属板を切る金切鋏に適しているという。

火床の中で地金と鋼が赤く染まっている。ヤットコでつまみ出し、金床の上で打ちのばす。温度が落ちたら火に入れながら均等の厚さにのばしていく。一方に槌を入れすぎると反対側に反りが出る。均等の力加減で全体を平均に叩く。常にのばす方向を考えて打つ。切鋏鍛冶の金槌は、槌の角度が内側に向いた特殊なもので、打つ力が倍加し、手前側に打ちのばすのに向いている。矢舸名人が示してくれた手本を頭の中で反芻しながら槌を振るう。ここまではどうにかボロを出さずにやり遂げた。

いよいよ地金と鋼の鍛接の工程に入る。地金を黄橙色に加熱する。九〇〇度を超えている。その間に、「もっと空気を送って！」、「火をおさえて！」と師匠の叱責が飛ぶ。ヤットコで挟んで取り出し、鍛接のための鉄ろう（接合剤）を盛る。鉄ろうは既製品もあるが、硼酸《ほうさん》と硼砂《ほうしゃ》、ヤスリ粉（鉄粉）を独自に調合して作る。「もっと盛って。山盛りにしていい。もっと手早く。盛ったら鋼をのせて！」

師匠の叱責が語気荒く、頻繁になる。日頃の柔和さが影をひそめている。うろたえ、恐々としながら作業を進める。鉄ろうを盛った

魚捌きは片刃。薄く身が削げる。

上に鋼をのせ、軽く押しつけるようにして接合する。

今回は片刃の鍛接に挑戦している。片刃の場合は地金の片側一面だけに鋼を接合すればいいが、両刃の場合は地金を割り込んで、鋼を挟み込んで接合する。

今回の師匠が切鋏専門の鍛冶職人だということもあるが、初心者がいきなり両刃の鍛接を行うのは荷が勝ちすぎている。

軽く接合したら火床に戻し、火に埋めるようにして加熱する。このときに鋼がずれてしまう失態を演じてしまった。落胆の声が耳に刺さる。冷や汗がドッと吹き出す。気が動転し、錯乱状態に陥っている。もう一度、最初からやり直し。今度は慎重に火床にくべる。フーッと溜息をつく。

「鍛冶屋はいつでも火の色を見ていなきゃ駄目だ。ほら、もう温度が上がりすぎだ」

再び師匠の声が飛ぶ。慌てて引き出す。先端側が、赤みが抜けて黄白色に近く、小さな火花が飛んでいる。鉄ろうがジクジクと溶け流れ、焼け焦げたようになっている。温度が軽く一〇〇〇度を超えてしまっている。完全に赤めすぎである。

火造りは、地金で一〇〇〇度、鋼で九〇〇度付近で加熱するのがいいとされる。温度が低いと軟度が充分でなく、力まかせに無理な加工を施して割れが生じることがある。また逆に温度を上げすぎると、金属組織が破壊され、結晶粒が粗く、鋼の性質を悪化させる。仕上げても表面にグシが出やすく、無数の穴があくことがある。折れやすくもなる。

そのために鍛冶屋は火の温度に細心の気を配る。温度は火の色で見る。熟練の勘で微妙な色の変化を読み、温度を洞察する。火の色は周辺の明るさで変わる。鍛冶屋がうす暗いのはそのためで、かつては夜間にしか仕事をしない職人もいた。頭で覚えた生半可な知識は、いざ本番では役に立たない。経験の積み重ねだけがモノをいう。

また最初からやり直す。気の短い師匠なら金槌が飛んでくるところだ。だが、幸いにして血を見ることとなく、心やさしい師匠の叱咤激励を受けて、悪戦苦闘の末、数本の鍛接をやり遂げた。頭の芯が少し朦朧とし、腕や肩の筋肉が張っている。鎮痛剤を飲んできたが、持病の腰痛がぶり返してきている。だが、気分は爽快で、昂揚している。

このあと、自宅の作業場に戻り、再び火造りをして加工し、焼き入れ、焼き鈍しをほどこし、研いで魚捌き用のナイフと切り出しを一本ずつ仕上げた。

作業は経験の積み重ね。今回習い覚えた鍛接技術は、繰り返し反復していくしか方法がない。さらに、焼き入れ、焼き鈍しが今後の課題になりそうである。

それにしても矢矧さんが作る金切鋏は形が美しく、実に切れ味鋭い。ブリキ板が紙のように切れる。鋏も刃物であることを実感する。矢矧さんが、包丁やナイフなどを作ったら、さぞ見事なものができるだろうと思うし、ぜひ欲しい。だが、その話を矢矧さんにすると、ニッコリ笑って否定された。

「それはできない。たとえ本業の鋏が景気が悪くて売れなくなっても、他の刃物に手を出して商売にすることは、ぜったいしない。

職人っていうのは、みんな一つの仕事に体を張って叩き上げてきたものだから、それを尊重し合わないといけない。鍛冶という全体の仕事の中で、それぞれが得意分野で棲み分けをしているようなもので、その微妙なバランスを誰かが壊すと仁義なき戦いになってしまう。売れるモノを作れば勝ち、というのは職人の仕事じゃない」

職人の手仕事は〝どうせオレ一代〟。時代に合わずに消えるものなら消えてなくなりやがれ！　という、頑固一徹な職人の意地と潔さが、すがすがしく、心に染みた。

一人前の鍛冶を目指すには、その職人としての腹の据え方も学ばなければならない。

4
炭切り

加藤清志（刀匠、東京都）

鍛冶の作業場は闇が濃く、重い。天井や壁や土間、そして、そこに雑然と配置された道具類のすべてが、長い歳月に亘って火床《ほど》が吐き出した鉄粉や炭の煤煙を吸って黒々として在り、沈黙のうちに存在を誇示している。

薄汚れた磨《すり》硝子の窓から差し込む鈍い外光は、土間の土肌に十字の桟《さん》の影を映す力もなく、闇に溶けていく。静寂の中に澱んだ闇が音もなく流れ、呼吸している。そこに佇むと、闇に棲む諸々の魑魅魍魎《ちみもうりょう》の凝視に晒されているような重圧感を覚える。

狸穴《まみあな》もかくのごときかと思わせる暗い鍛冶場に男が二人。一人は中肉中背の骨太の体軀に温厚な風貌をたたえ、場にしっくり馴染んで異和感がない。さしずめ、鍛冶場という穴ぐらの栖《すみか》に棲みついた〝鼻黒鼬《いたち》〟か。いま一人は、図体でかく髭むしゃらで、怠惰に身をやつした〝怠け熊〟か何かを彷彿とさせる。傍目にも奇妙な取り合わせ。

〝鼻黒鼬〟は加藤清志さん（四十七歳）。三代続く刀匠の家系に生まれ、自ら「兼國」の名をもつ刀匠であり、包丁など生活に密着した鍛造刃物を作る鍛冶であるとともに、カスタムナイフ・メーカーとしても知られる。

刀匠という高みにはまらず、身に染みついた〝鍛冶〟という生業や技を自在に遊んでいる趣きがある。

一方、崇高なる鼻黒鼬に対峙するむくつけき〝怠け熊〟は、かくいう当人、遠藤ケイ。三文絵師、売文で飯をはむかたわら、鍛冶への憧憬一途のものがあり、秘かなる〝鍛冶屋修業〟に邁進しているが、この道、遠く険しい。

当方、酔狂の山暮らしを始めて十七年余。この間にナイフ擬《もどき》、鉈擬、包丁擬、山刀擬など、擬づくめの刃物を我流で作ってきた。生来、無知を看板にして恥じない、ガサツで無鉄砲な性格。

〝刃物なんぞ生活の道具。切れさえすれば文句はあるまい〟と拗《す》ねてきた。が、不可思議なことに、手が槌に馴染むにつれて、技術や思考が勝手に一人歩きを始める。

生まれは越後三条。鍛冶、金物の町。生家もまた鍛冶に似た曲尺作りの町工場だった。内なる職人の血が濃い。それが疼き出した感がある。長年ライフワークとしている民俗学の調査、取材を通じて、多くの鍛冶職人の生き様や技に接して触発されたこ

僕の鍛冶屋修業

遠藤ケイ

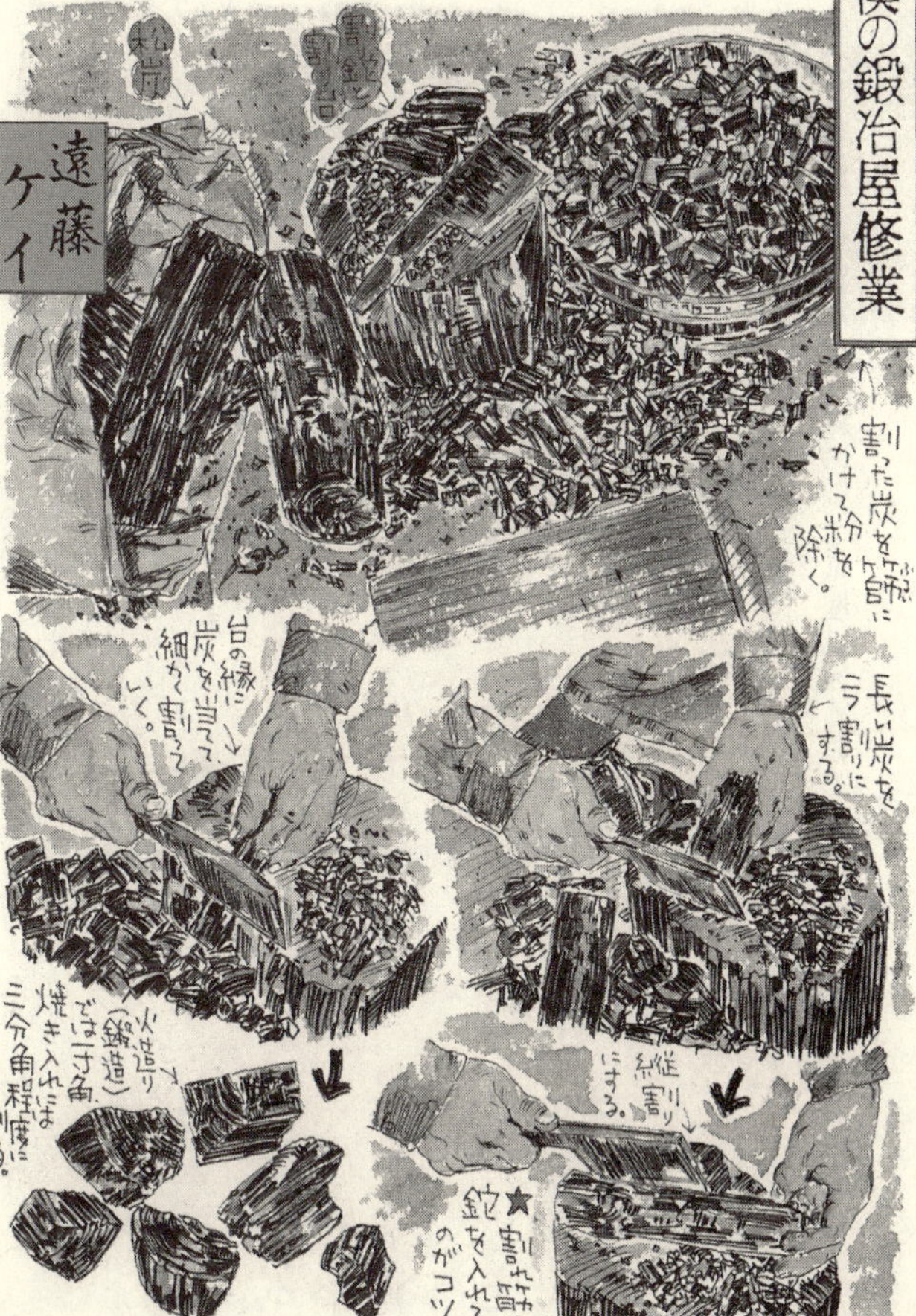

ともある。

徐々にではあるが、鍛冶仕事の深淵や、〝切れる〟という意味、手の延長である道具としての成り立ちや本質といったものが、朧《おぼろ》げながら垣間見えるようになると、もう抜き差しがならなくなってくる。

一方では、日本の伝統的な鍛冶という職業が衰退していく現実がある。だが、いつの日か、自ら鍛冶の看板をあげたい。一笑に付されるかもしれないが、その思い、柔弱ではない。ゆえに、いま、怠け熊がムクムクと起き出し、鼻黒鼬への強い〝変身願望〟を秘めて修業を続けている。

師匠、加藤鍛冶への押しかけ弟子入り志願。今回は、主に鍛冶炭の扱いについて実地指導を乞う。鍛冶場に松炭が一俵、デンと控えている。これは南部岩手の炭焼き人から直に購入したものだ。

炭割り鉈、割り台が土間中央に据えられる。

鍛冶の口伝に〝炭割り三年〟というのがある。修業の第一歩。

徒弟制度が厳しかった時代には、丁稚《でっち》に入ると丸三年間は師匠の傍らについて、雑用と炭割りを命じられた。火床の前の横座に座ることも、槌を持つことも許されなかった。

加藤さん自身も、師でもある父の元で長く炭割りをやらされた経験があるという。

「炭割り三年というのは、単に炭を割る技術を覚えるということではなく、やりながらほかの仕事を見ろということでもある」

鍛冶は炭をこのむ（選ぶ）。鉄や鋼を鍛えるための唯一の燃料である炭の性質や特質を身を持って知ること以外に、異なる素材の成分や作業段階に応じた炭の選別、割り炭の大きさなど、適切な判断が求められる。

鍛冶仕事は言葉で伝承していくことが難しい世界である。指示され、教わるということより、自分の目で見て、体や感覚に叩き込んでいくしかない。〝炭割り三年〟は、そうした鍛冶全般の基本を修得する期間であり、避けて通れない修業行程なのだ。

加藤さんの炭割り用の鉈。もちろん、自分で割り込み鍛造したもの。刃が鋭利な方が炭割りしやすいから、毎日研ぐ。3年くらいで右上の鉈のように小さくなり、使えなくなる。

「最初に手本を見せますから、あとは自分でやってください。一俵全部割ってください」

柔和な言葉の奥に、生半可な妥協を許さない職人の一徹さが漂う。

膝を折って割り台に対峙する。右手に炭割り鉈を握る。鉈は刃渡り約四寸。肉厚で蛤《はまぐり》刃に近い。蛤刃というのは、刃を鋭利に研ぎ出すのではなく、刃の腹に膨《ふくら》みを持たせてあり、鋭利な刃で切り口を開けたら、腹の厚みと重さで割る。

把手は一握りに少し余裕がある程度。手にしたときのバランスがいい。余分な力がいらず、頭の重さで振り落とせる。軽い鉈は割るときに余分な力を必要とし、長時間の作業では疲労や思わぬ怪我の原因になる。この鉈も鍛冶自ら打って作る。炭を左手に持つ。炭は一尺二寸に切り揃えてある。長炭の真ん中あたりを台の縁に当て、そこに鉈を軽く落としてやる。カンと乾いた音をたてて二つに割れる。黒く艶やかな断面が現われる。中まできれいに炭化している。年輪がくっきり見え、放射状の芯割れが刻まれている。だが、厳密にいえば、あまり上等な炭ではないという。ちなみに、芯割れの多い炭は、割ると崩れやすく、粉や屑が多い。また、火床に入れたときに炭の中から燃えてくる欠点がある。

良質の鍛冶炭は、燃え上がりが密で割れが少なく、燃したときに外側から減ってくるものがいい。ただし、これは炭焼き人の技量より、炭材そのものの良し悪しに起因する場合が多いといわれる。

二つ折りにした炭は、続いて幾等分かに縦割りにし、さらに細かく四角形に割っていく。

鉈が踊る。縦横自在に鉈が操られ、手スレスレに刃が打ち込まれる。鮮やかな手捌きに見惚れるうちに、角型の炭が山積みになっていく。

割り炭の大きさは、鍛冶の作業段階で異なる。一般に鍛造段階では三センチ角に割り揃え、焼き入れのときは火力にムラがないように一センチ角程度に細かく割る。職人はそれを一寸玉、五分玉、三分玉などと呼び表わす。

ちなみに角型に割るのは、火床に入れた際に縁から燃え減って球形になっていき、炭と炭の間が詰まって空間ができない。つまり、火力が常に均一で、温度のムラが出ない。また、細かい炭は、風を送ると一気に火が熾こって火ムラが少ない。これは作業全般に重要だが、とくに焼き入れの工程では細心の注意がはらわれる。焼き入れが均一でないと硬度にムラが生じ、切れ味に影響する。

「さあ、あとは自分でやってください」

鉈が手渡される。頭の中で手順を反芻しながら台に向かう。しっかり目に焼き付けたつもりの師の手捌きが、いざとなるとまるで焦点を結ばない。頭で覚えた知識が実戦ではまるで役に立たないことを、あらためて実感する。知識で物事を理解しようとするのは現代人の悪い癖だ。とくに手仕事の世界では通用しない。頭に頼るのをやめる。

台の上に長炭をのせ、鉈を直角に入れる。炭が潰れるように砕ける。炭を台の上に水平にのせたための失敗だ。力を割る一点に集中しなければならない。

炭を立て気味にして台の縁に当て、そこに鉈を入れる。ほとんど抵抗感なく真っ二つに割れる。

次に、それを縦割りにする。炭の端を指先で支え、中心に鉈を打ち込む。また炭が砕ける。屑や粉が多い。炭の木口を見て、芯割れの筋に沿って鉈を入れる。今度は比較的きれいに割れる。物の素性を無視して炭一つ割れないことを悟る。

五分玉に割られた炭。「五分玉」と呼ばれてはいるが、実際は一寸角（3 cm 角）くらいある。

炭割り作業は、手といわず顔も体中炭の粉で真っ黒になる。「そんなの当たり前のことですから、僕らは何とも思わないんですよ」と加藤さんはこともなげに言う。

「割ろうとするから余分な力が入る。割るんじゃなく、切る感じでやる」

檄《げき》が飛ぶ。鍛冶場は神聖な領域である。鉄を鍛えると同時に、精神を鍛練する場でもある。失敗してヘラヘラ笑ってはいられない。気が入らなければ金槌が飛んでくるところだ。腹を据えて作業に集中する。

細く縦割りにした炭を二、三本束ね持ち、台の縁に当てながら一寸角に割っていく。台の平らなところに鉈の刃を打つと、炭が砕けて粉炭ばかり出て、きれいに割れない。炭を先へ先へ送りながら、台の縁に鉈を入れるようにする。そうすると鉈の刃を軽く当てただけで、炭が勝手に切れてくれる。微妙な力加減やコツを手が自然に覚えていく。篩《ふるい》に角炭が山積みになる。それを袋にあけ、さらに炭割りを続行する。

鍛冶は普通、一日に五、六俵の炭を割って使う。また、日本刀の場合は二振り鍛えるのに五〇俵近い炭が必要になる。鍛冶にとって炭割りは欠かせない作業工程の一つである。

無言の凝視のなかで、鉈音が絶え間なく響く。一俵の炭が残り少なくなる頃、体や手がリズムを刻むようになる。作業が段々早くなる。

だが、馴れた頃に落とし穴が待ち受けている。炭を先へ送っていくうちに、炭が段々短くなる。同時に、炭を持つ手と鉈を打つタイミングが微妙にずれてきて、指先を鉈で切ってしまった。

「アッ！」と叫んだときには鉈の刃が指先に深々と入り、激痛とともに血が吹き出してきた。師匠が、「みんな最初はやるんだ」という顔で、平然と見ている。血が炭の粉と混じってドス黒く流れ落ちる。傷口に染みる。

だが、まだ師の許しがでない。血染めの炭ができていく。本当は仕事の怪我はあまり自慢できることではないが、怪我の痛みや傷跡も、身体に刻みつける修業である。だから痛いが、うれしい。

鍛冶の作法に習って、傷口に炭の粉を塗り込んで血止めをし、ひたすら炭割りに没頭する。血はいつの間にか止まっていたが、炭の粉が傷口に染みて、いつまでもズキンズキンと痛んだ。

5　両刃ナイフ

岩崎重義（刀匠、新潟県三条市）

仄暗い鍛冶場の一角で小さな火焔地獄が口を開きかけている。

篩《ふるい》にかけられた焼き土で塗り固めた火床《ほど》に、一寸角程に割られた松炭が盛られてある。炭の山の底の方に小さな火種が芽生えている。

昔は、火を熾《お》こすのにマッチや新聞紙などは使わず、金床の上で鉄片を激しく打ち続けて摩擦熱で赤くなった鉄を火種にした。

また、年明けの仕事始めには、レンズで太陽の光を集めて炭のカケラを熾こして火床に移した。

鞴《ふいご》の把手を握り、静かに、深く送り込み、また手前に引き戻す。ヴォー、ヴォーと、鞴が鬼の息を吐く。火種は核となって激しく炎を放射する。

手を止めると、火は急速に明るさを失い、妖艶な炎を踊り立たせる。再び深く呼吸させる。火は俄かに生気を取り戻して躍動を始める。紅蓮《ぐれん》の炎を猛らせながら、灼熱の火口がジワジワと炭の山を侵食していく。

外光が届かない薄ぼんやりとした鍛冶場に鞴の荒い息遣いが増幅し、空気が張りつめていく。

緊張が昂まっていくのは火と対峙しているからだけではない。背中に刺すような鋭い視線を意識しているからでもある。

威圧感のある視線の主は岩崎重義さん（五十八歳）。鍛冶の町、越後三条にあって、「刀匠越後鍛冶」を標榜する名工である。

重義さんは、日本の冶金学の権威、故岩崎航介氏を父に持つ。

航介氏は、日本刀を研究するために刀匠や研師に弟子入りする一方で、苦学して東京帝国大学で国史学科と冶金学科をともに大学院まで修了した経歴を持つ。戦後は郷里三条に戻り、三条製作所を設立、自ら鍛冶場に立ち、和剃刀をはじめ打刃物の研究に生涯を捧げた。

重義さんは、三条製作所を継承し、父航介氏の科学的な裏づけを持つ冶金理論を踏襲する一方で、亡父に優る執拗な探求心で、鍛冶の業一途に人生を賭してきた。越後鍛冶の技術、理論的指導者の役割を担っている。

火床の火で赤めながら打つ。火の温度は九〇〇度以上。
僕の鍛冶屋修業
★玄翁は反動を利用して打つ。
刃は金敷の縁に当てて叩くと作業がスムーズにいく。
赤めた鋼は冷めてくると、叩いたときに飛ぶ危険がある。先を曲げてヤットコに挟む。

「金になるからとか、経済的効率にとらわれてソコソコのものを作って満足しているようではダメ。職人が一級、超一級を作ることを放棄したら、質はどんどん低下してしまう」

言葉の裏には、戦後の粗製乱造で失墜した三条金物の復権に賭ける情熱がうかがえる。小柄で穏やかな語り口。柔和で、鬼才アンディ・ウォーホルを彷彿させる風貌の、眼光が鋭い。真理を探究する学者の目、妥協を許さない職人の目だ。

その威圧感を秘めた視線が、ずっと背中に注がれている。いや、実のところ岩崎さんは後方で背を向けている。図々しい俄弟子入り志願者に火床をあずけて、さっさと行ってしまい、後向きでご自分の作業に没頭しておられる。

つまり、見ていない。こちらの存在を忘れているように見える。それでも視線を感じる。文字通り素人の付け焼き刃、半端な技量を見透かされているような気になる。

火床の火は、くすんだ暗赤色から徐々に橙明《ちようめい》度を増し、やがて橙色から、目を射るような透明感のある輝黄色に変わっていく。火床には鋼材が入れてある。火の色を吸い、輝きを強めてきている。

鬼の呼吸器を操作する。火床は業火渦巻く坩堝《るつぼ》と化す。小刻みに動かしてみる。ボッ、ボッと炎を噴射して火力が安定する。一部分だけ温度が上がるのを防ぎ、火力が均一になる。師に教えられた技術の一つだ。

いまは、こうしたささいなことが新鮮な感動であり、その積み重ねがうれしい。

変幻自在に変化する火を見ていると、飽くことがない。ふっと、引き込まれそうな陶酔感を覚えることがある。そしていま、鞴を通して、火を自分の手と意志で操っていることに、秘かな興奮を感じる。

火を自在に操作するのは鍛冶の基本だ。初歩的な技術だ。鍛冶は、火を使いこなし、鉄や鋼といった硬い素材を赤めて、切れ味鋭い刃物や、さまざまな道具を作り出す。連綿と受け継がれ、磨き上げられてきた鍛冶の技、そして職人のひたむきな生き様に強い憧憬を覚える。

伝統的な日本の鍛冶の技術を、時代の趨勢などというあやふやなもので衰退させたくない。あわよくば、自分でもいつか鍛冶の看板を上げたいという気もある。いや、一人よがりでもいい。自分のためだけの刃物作り、道具作りに専念するのも男の生き方として悪くはない。

だが、志とはうらはらに現実は厳しい。学ぶべきことが山ほどある。多少、火が扱えるようになっただけで、浮かれている場合ではない。

火造りの技術以前に、鉄や鋼という素材について、ほとんど知識を持っていない。

鍛え、加工する素材の性質や特性に無知では、火造りもへったくれもない。単に、大人の火遊びと嘲笑されても仕方がない。

火床の中の鋼材が真っ赤に焼けている。赤と橙の中間。温度は八〇〇度を超えている。火の色で、だいたいの温度の予測ができるようになった。

しかし、異なる鋼材に適した火加減となると、皆目分からない。ちなみに、いま火床で赤めている鋼は中硬鋼と呼ばれるもので、炭素の含有率が〇・五から〇・八パーセント。中程度の硬さで、粘りがある。鉈や刀剣に使われることが多いという。

一般に鋼材は、純鉄から極軟鋼、軟鋼、中硬鋼、硬鋼、最硬鋼、さらに銑《ずく》などに分けられる。炭素量が多いほど硬い。硬いほど切れ味が鋭い刃物になるが、火の温度や加工が難しい。鍛接、鍛造、焼き入れなどの工程で、金属組織を破壊したり、割れが入ったりする。

鋼材の種類や硬度、炭素量を簡単に見分ける方法に、火花試験法がある。やり方そのものは難しくない。

高速回転するグラインダーに当てて火花を見る。激しい火花の奔流がグラインダーに巻きつくように出るもの。線香花火のように先が割れる火花。

その太さや割れ方にも違いがある。火花の色、形、明るさ、賑やかさで判断する。

炭素量が多く、硬度が増すほど火花が割れ、量が少なくなるようだ。

また、一般に白紙と呼ばれる炭素鋼は線香花火のような白い火花、赤黒い火花は、青紙と呼ばれるタングステンとクロームが入った特殊鋼。ただ、実際に火花によって鋼材の違いは理解できても、それをどう扱っていいのか、素人の手にあまる。今後の、大きな課題である。

「本職の鍛冶は硬鋼や最硬鋼、銑などという材料を扱えなければ一人前とはいえないが、初めは中硬鋼のあたりからやってみるのがいい」

手渡された鋼材がいま火床の中にある。師は相変わらず背を向けている。背を向けていても、鞴の音や、闇に映る炎の色、首筋に感じる熱鉄を打つ音で、情況が手に取るように分かる。

火床から赤めた鋼材を引き出す。金床の上にのせ、刃先の峰を打つ。まず峰側を刃側に曲げておいてから、反対にして刃先を打つ。この方が作業が楽だし、あとで刃側を薄く打ちのばすと、峰側に反りが出ることも頭に入れておく必要がある。

素人は刃物を薄く潰すことばかりにとらわれ、アラビアかどこかのナイフのように上反りの形になりがちだ。こうなるともう修復は難しい。挙げ句、処理に困り、グラインダーで削って帳尻を合わせるしかなくなる。こうした材料を無駄にすることをプ

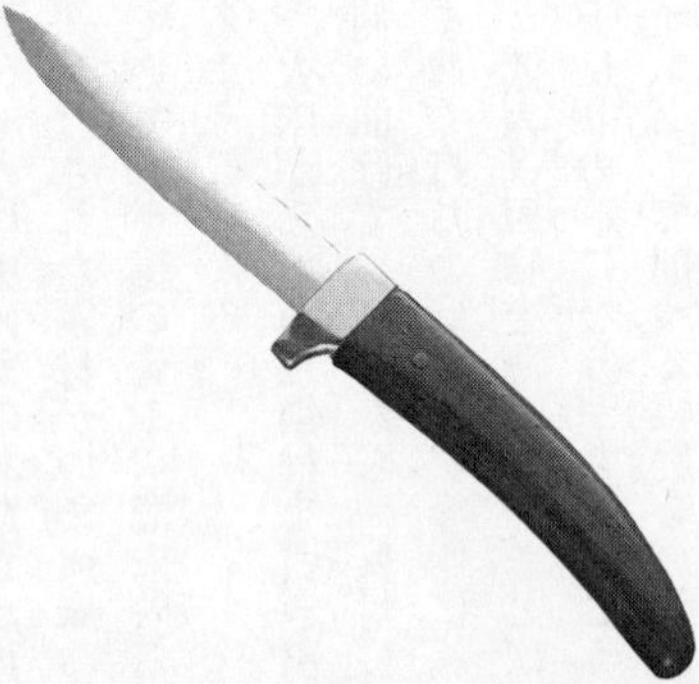

岩崎さんの指導の元で鍛えた材料を持ち帰って、著者が鍛えたナイフ。ハンドルに紫檀、シースはチーク材。

口はやらない。

「どうしても曲がるものなら、先に反対側に曲げておけ」。この単純で合理的な発想にたどりつくまで、ずいぶん時間を浪費した。

また、鍛冶は赤めた材料を金床の縁に当て、少しずつずらしながら伸ばしたい方向に打ち伸ばし、そのあと、裏面にできた階段状の跡を平らにしたり、いろんな角度から打って、形を矯正しながら頭に描いた形に仕上げていく。

これまでに習い覚えた技術を反芻しながら玄翁《げんのう》をふるう。だが、思うようにいかない。なかなか刃が薄くならない。厚みに薄いところと厚いところがある。

火床に戻し、赤めては打つ。同じことの繰り返し。堂々巡りをしている。力まかせに打つことにためらいがある。

「丹念に鍛えるという意識はいい。金属は鍛えるほど組織が細かくなる。だが、何度も火に戻していると、鋼の炭素分が抜けて変質してしまう。そろそろ形にした方がいいんじゃないかな」

いつの間にか師が後ろにきている。やはり、しっかり見られていた。師が玄翁を持つ。弟子は鞴の操作にまわり、作業を見る。

赤めた材料を取り出し、素早く打つ。身体全体で調子を取りながら、腕がピストン運動する。金床の上で玄翁がリズムを刻む。動作に無駄がない。力強く、踊るように優雅だ。自在に玄翁が舞う。

歪みや厚みが修正され、刃先にむかって薄く、きれいな流れになっている。刃側を潰す際には、金床の縁の丸くなっている部分に当てて打った。道具のいろんな形状を型に利用する。

水打ちが繰り返される。破裂音が鼓膜に響く。火花と水蒸気が飛び散る。同時に不純物が飛ぶ。

細身の美しい形に仕上がっている。やはり本職《プロ》の作だ。素人は、どんなにうまく作っても、どことなく素人臭さが匂ってしまう。本職は本職。素人はどこまでいっても素人だ。どうしてもその一線が越えられない。わずかな部分のような気がするが、そのわずかが計り知れぬほど大きい。これは、どの分野でも共通している。

「鋼材の性質が分からないうちに、事前にデザインを決めない方がいい。素材がどう曲がりたがっているか、それを見極められるようになると無理のない、自然の形が作れるようになる」

師の教えが耳に残る。外へ出ると、汗ばんだ肌に梢を揺らす風が心地よい。振り仰ぐと抜けるような越後の初夏の空があった。

手の中には荒仕上げをしたばかりの刃物がある。まだほのかに温かい。この先の仕上げは宿題にされた。

刃物は、研ぎの仕上げや柄のしつらえなどによって姿が変わってくる。これからは一人仕事だが、背後霊のような師匠の視線がキリのようにチクチク疼き続けている。

6　猟刀フクロナガサ

西根稔（秋田県阿仁町）

秋田内陸縦貫鉄道は、田沢湖線角館《かくのだて》から奥羽本線鷹巣《たかのす》を結んで、奥羽山地を縫うように縦断している。

その景観をもしも天空より俯瞰したなら、複雑な深い皺を刻んだ広大な緑の山脈の合間を、白蛇のように身をくねらせながら流れ下る阿仁川と、それにまとわりついて続く、大地のファスナーのような線路が眺められるはずだ。

ファスナーの開閉金具のような電車は、這うようにのどかに走る。わずかに二輛の車内に季節はずれの旅人の姿はなく、乗降客もまばらで閑散としている。

車窓に身を寄せ、飽かずに山麓の風景を眺め、通過する駅名や地名を読む。上檜木内《かみひのきない》、戸沢、阿仁マタギ、奥阿仁、比立内《ひたちない》、笑内《おかしない》、萱草《かやくさ》、阿仁合《あにあい》。そして近在に比立内や打当《うつとう》、根子《ねこ》、露熊《つゆくま》、阿仁、小阿仁、八木沢といった山間集落が点在している。

懐かしく、そして胸熱くする地名だ。日本の民俗、生活習俗を研究する者にとって、忘れることのできない土地だ。

かつて、この秋田奥羽山地を中心とする一帯に、マタギという特殊な狩猟集団がいた。

彼らマタギは、独特の信仰と習俗を守り継ぎ、厳しい戒律と禁忌を自らに課しながら、人跡未踏の険しい山に分け入って、熊や羚羊《かもしか》や兎などを捕った。マタギ衆にとって山の獣は、山の自然を支配する山神の賜物だった。

山神の巨大な生命と意志は、山に棲むあらゆる生物や一草一木にさえ宿り、人間がいたずらに殺戮し、荒らすことを厳しく戒めた。そこには、我々現代人がとっくに葬り去ってしまった、深い自然観に根差した精神の根源的世界がある。

マタギは、シカリと呼ばれる親方の統率の下で集団が組織される。ブチッパ、あるいはブッパ（射手）やセコ（獲物を追いだす役）などが、その経験や技量によって決められ、一糸乱れぬ行動で獲物を仕留めていく。

巻き狩りの場合、地形を見て、尾根筋などにブチッパを配置し、セコが熊を遠巻きにして追い上げていく。ブチッパは身を潜めて待ち、熊をギリギリまで引きつけておいて鉄砲を射る。

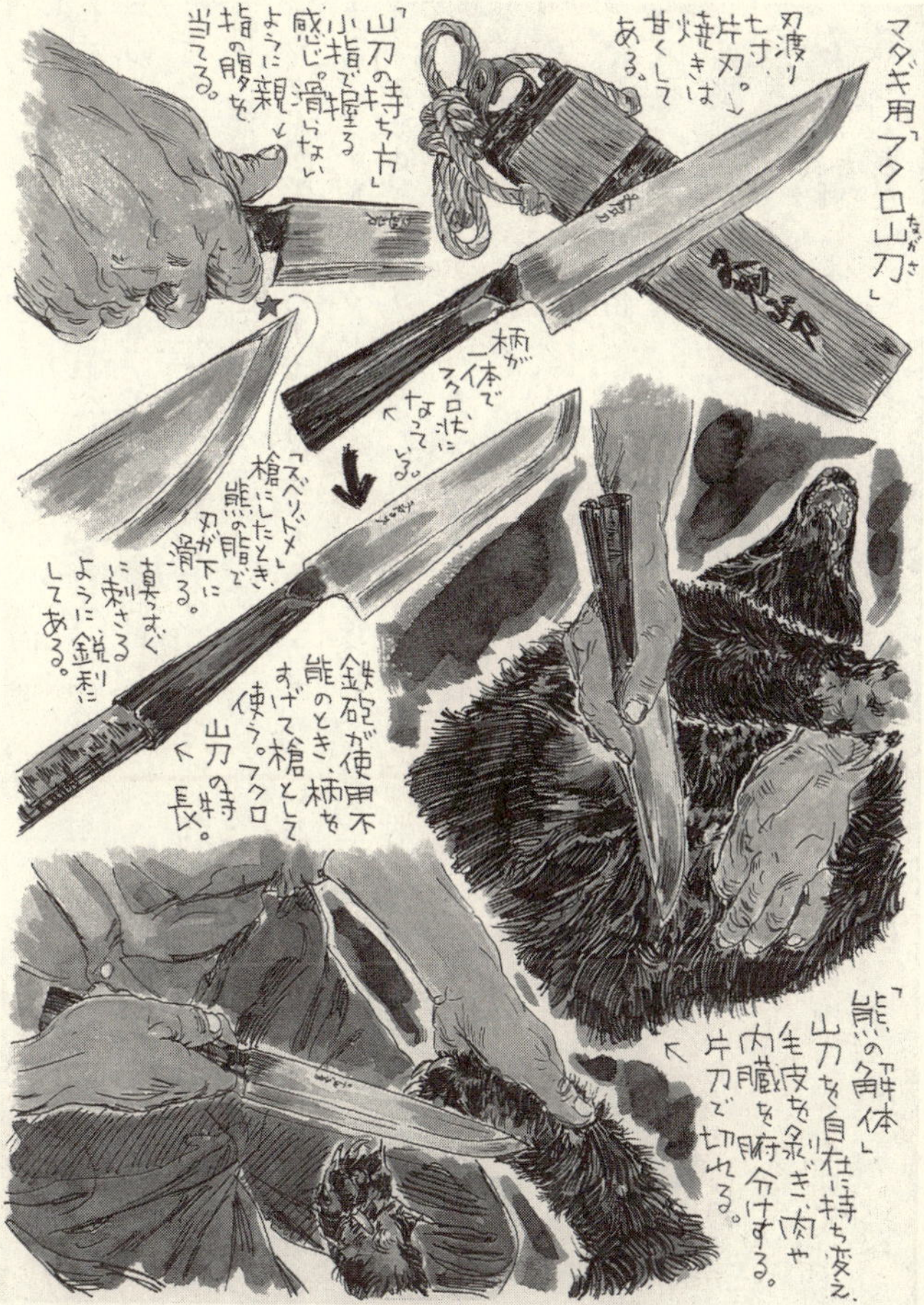
マタギ用「フクロ山刀《ながさ》」

刃渡り七寸、片刃。焼きは甘くしてある。

「山刀の持ち方」小指で握る感じ。滑らないように親指の腹を当てる。

柄が一体でフクロ状になっている。

「ズベリドメ」槍にしたとき、熊の脂で刃が下に滑る。

真っすぐに刺さるように鋭利にしてある。

鉄砲が使用不能のとき、柄をすげて槍として使う。フクロ山刀の特長。

「熊の解体」山刀を自在に持ち変え、毛皮を剥ぎ、肉や内臓を腑分けする。片刃で切れる。

古く、火縄銃が使われた時代には弾丸は一発しか射てない。不発の場合もあった。そのときはタテ（熊槍）を持って立ち向った。

また、マタギは腰にナガサと呼ばれる山刀を下げている。ナガサは山で枝をはらったり、獲物の毛皮を剝ぎ、ケボカイ（解体）や料理などにも使う万能の鉈だ。

マタギが愛用するナガサは「フクロナガサ」といわれ、柄の部分が筒状に鍛造してある。この柄のフクロに七尺ほどの柄をつけると槍として使うことができる。

マタギは常にナガサを身につけ、泊り山の際には柄をすげて咄嗟の危険に備えた。マタギにとってナガサは鉈や包丁を兼ねる便利な道具であると同時に、最後に身を守る武器でもあった。

マタギの狩猟習俗が生み出したフクロナガサ。これを現在も作り続ける鍛冶が阿仁にいる。

西根稔さん（五十二歳）。ナガサ鍛冶三代目、マタギの里阿仁にあって、最後の職人だ。

今回は、例によって非礼を顧みず、押しかけ鍛冶屋修業、俄弟子入り志願にはるばるやってきた。

師は柔和な表情で迎えてくれた。小柄で、東北人特有の素朴で、人情厚い物腰が、初対面の緊張をほぐしてくれる。しかし、ときどき視線の奥に一徹な職人の鋭さが宿る。

目の前にフクロナガサが置かれている。鞘に「叉鬼山刀」の焼き印が押されている。マタギは又鬼、又木、級剝《またはぎ》などとも書く。又鬼は、鬼人のごとく険しい山を股にかけて駆け回る、その常人を越えた健脚と行動力からきている。実際、彼らは猟に出ると急峻な山地を日に三〇キロ、四〇キロの距離を歩き通し、六〇キロまでは日帰りの範囲だと豪語してはばからない。

鞘を抜きはらう。刃渡り七寸、片刃で刃が鋭く研ぎ出され、きっ先が鋭利に立ててある。ウラオシが浅く剔ってあり、軽く振り降ろしただけで深く食い込んで肉を抉《えぐ》り取ってしまいそうな戦慄を覚える。

柄の部分は、打ちのばして筒状に巻いてあり、メクギ穴が開いている。槍として使う場合に、柄を差し込み、抜けないようにメクギを打つ。また、きっ先の峰側を斜めに落としてある。これをスベリドメという。

「槍として使うこどがあるすべ。そしたらとき、人間てば不思議なもので、刃を上に向けては突けないもんだ。上に向けて突ける人だばスベリドメは必要ないもんだけども、普通の人間だば刃を下に向けて突くがらな。下に向けると、どうしてもきっ先が下さ向いてしまって、突いたら刃が滑って刺さらないことがある。刺さらなければマタギは熊に命を取られてしまうすべ。また刺さっても致命傷にならない。そのためにスベリドメをつけておくと、槍の穂先のように真っすぐに深々と刺さっていぐ」

フクロナガサは、虚仮威《こけおどし》や見せかけの素人の遊び道具とは違うのだ。マタギという本職《プロ》の猟師が使う実戦的な道具だ。使い手が筋金入りの猟師なら、作り手の鍛冶も筋金入りだ。気の入れようが違う。

互いが生業と技量を賭した緊張感の中から、一切の妥協や粉飾を廃した、研ぎ澄まされた道具の美しさと、確かな存在感や風格が滲み出てくる。

「フクロナガサは、改良を加えるところは一点もない」

西根鍛冶は言いきった。

何だか場違いな領域に踏み込んでしまった心境に駆られる。単なる芝居好きの道楽者が、いきなり名優と一緒の舞台に上げられたような感じだ。気おくれがする。素人鍛冶にマタギのフクロナガサは手におえそうにない。荷が勝ちすぎている。

「それだば、そろそろ鍛冶場さ行ってみますべ」

観念して後にしたがう。鍛冶場は母屋の棟続きにある。燻んだ土間に火床や送風機、金床、ベルトハンマー、グラインダーなどが整然と置かれ、横座が主を待っている。西根鍛冶が座る。ジグソーパズルの最後のピースがぴったりとおさまって、絵が完成した感じだ。しっくりと馴染んで違和感がない。鍛冶三代、叩き上げの職人の存在感が絵に深みを加える。

西根鍛冶の銘は「正剛《まさたけ》三代目稔」という。正剛は祖父でもある初代の名。二代目の父は一光《いっこう》という。鍛冶仕事はマゴ爺さんの初代について修業した。小学校に通うころから鍛冶炭を割らされて育ったが、中学を終えた翌日からは、三、四人いた弟子と同じ扱いだった。以来、三十七年がたつ。

「昔から鍛冶屋は大嫌いだったすな。今でも面白いと思わない。不器用なもんで、何十年やっても難しいことばっかしで……」

鍛冶という仕事は奥が深い。深淵が覗けたと思ったら、その先は奈落に続くかと思われる長い暗闇が広がって足をすくませる。やればやるほど傲慢ではいられない。

火床に火が入れられ、送風機が鬼の息を吐く。鍛冶場に鼓動が脈打っている。火床に炭代わりの石炭がくべられる。石炭は火力が強く、松炭のように火が柔らかいという。すぐに火が移り、炎を踊らせる。地金《じかね》が火の色を吸っていく。

フクロナガサと山刀。フクロナガサは槍として使う場合に柄を差し込めるように筒状になり、メクギ穴が開いている。

「まず、わだしがやってみせますべ」

赤めた地金をヤットコで引き出し、金床の上で打つ。小柄な身体が踊るようにリズムを刻む。赤めては槌を振り、ベルトハンマーを相手に打ち鍛える。鉄は丹念に打つほど粒子が細かくなり、コシが入る。打ちのばした地金に接合剤を盛り、鋼《はがね》をのせる。火床に戻し、赤めて打つ。石炭は滓がつきやすいので、水打ちを繰り返しながら飛ばす。金床の上で爆発音が響く。地金と鋼が一体になり、シナリ（粘り）が出てくる。シナリがある刃物は、硬いものを切って小さな刃こぼれはあっても、大欠けすることがない。

マタギは凍りついた岩をナガサで砕いて足場を作ったり、凍った地面や岩場に突き刺し、足をかけて歩くことがある。刃が欠けるようなものでは役に立たない。

刃側が打ち上がると、柄のフクロの作業に入る。

柄側を赤め、打って裾広がりの扇型に薄くのばす。長さが約四寸七分、裾幅が三寸二分程度になる。

もっとも大切な柄の元の部分は肉厚に残す。折れず、曲らない。打ちのばしたらミミ（端）を切断し、再び赤めて一気に筒状に曲げる。

型は使わない。金床の鉄片に当て、叩きながら一息に曲げていく。途中で赤め直したりすると、変形したり、フクロの内側が歪んで柄が入らないことがある。最後に鉄棒を差込んで形を仕上げる。そうした一連の技は目を見張らせるものがある。無駄のない、流れるような作業が一振りのフクロナガサを完成させる。

「さあ、場所をあけますで、やってみてください」

一徹な鍛冶の顔が柔和な表情に変わる。当方の幼稚な技量が見すかされている気になる。いや、とうに見抜かれているのだ。

フクロナガサは刃と一体で柄を作る。見る間に柄は叩き伸ばされ、筒状に打たれ、形造られていく。

腹をくって横座に入る。火床の炎が笑っている。ベルトハンマーが手持ちぶさたに向こう槌を構えて待っている。鍛冶場には、そこここに生き物が潜んでいる。息をつめて、ジッとこちらを凝視している。軽い眩暈《めまい》がした。

悪戦苦闘の末、ナガサを一本作った。だが、厚みがまだ不揃いで、とくに柄のフクロの部分がうまくいかない。すっかり変形してしまって修復が不可能になってしまった。袋の内側が歪んでしまうと槍にする際に柄がうまく入らない。

そのあと、西根さんの手を借りて何とか形になったが、「これだば、売物にはならねえすな」と、厳しい評価が下された。

だが、この下手な弟子のどこが気に入っていただいたのか、出入りが許され、その後長く、阿仁の師匠の元に通いつめることになった。

数年ののち、西根師匠が「遠藤ケイは、オラの弟子だ」と人づてに聞いて、涙が出るほどうれしかった。

7　イソガネ

斉藤正（房総鍛冶、千葉県鋸南町）

「わたしはただの野鍛冶だ。刀鍛冶のように絵になり、文章になるものは何もない。とにかく土と海によってやっと生かされているようなもんだ」

鍛冶、斉藤正さんは横座から顔を上げて言う。顔の皺が深い。柔和な視線の奥に職人の一徹さが漂っている。鼻の脇が煤で黒い。年齢を感じさせないがっしりとした体軀を包む仕事着のあちこちに火花の焦げ跡や焼け穴がある。

〝鍛冶屋の鼻黒鼬《いたち》〟〝鍛冶屋ボロ〟を地《じ》でいっている。座って仕事をしているときはいいが、立つと腰が曲って伸びないのだという。半世紀になろうとしている鍛冶仕事で、身体が固まってしまった。だが、それは惨めでも、みすぼらしくもない。職人の崇高な生き様を見事に体現している。筋金入りの鍛冶だ。

南房総保田から、外房鴨川を結ぶ通称長狭街道。車の往来激しい街道沿いに鍛冶場がある。間口三間の硝子戸は、煤と鉄錆で赤茶けて汚れ、戸を閉めている寒い時期には見すごしてしまう。

だが、耳を澄ませば、こごもった槌の音が漏れて、それと気づく。また、陽気のいい日には、開け放たれた戸の間から、一心不乱に火造りをする老鍛冶の姿を垣間見ることができる。それは、まだ人間が人力で自然と対峙し、暮らしていた時代の、懐かしい心象風景をかもし出す。

斉藤正さんは大正十五年生。今年六十七歳になる。昭和二十一年、十九歳でこの道に入った。父親が腕のいい鍛冶だった。戦時中は中島飛行機の工場で働いていたが、終戦を機に故郷に戻った。

父親は主に荷車の車輪を作っていた。ほかに、近郷の農家に頼まれて鍬《くわ》や鋤《すき》、牛馬に曳かせる犂《すき》なども打った。また、海女が潜って貝をはがすイソガネや、貝突きの漁師が使うヘシ（モリ）や海草を切るカマ、貝はがしのノミなど、さまざまな漁具も作った。

土地に根差した野鍛冶は、持ち込まれた仕事は何でもこなす。それが農漁村の労働と生活に欠かせない道具であるなら、意地でもできないとはいえない。

そのうえ、使う相手が分かっている。使う人間が作り手を知っている。鍛冶の技術や、道具の使い勝手の良し悪しが、たちどころに知れ渡る。気の抜けない稼業だ。

斉藤正さん。鍛冶歴およそ半世紀の叩き上げの職人。農具、漁具を打つ。
イソガネの刃先だけを焼き入れする。
砥石でこすってみる。焼きの加減が分る。
地域や捕る場所によって形が違う。形が何十種類もある。
イソガネ
海女や見突きの漁師が、アワビ捕りに使う。
穴の奥のアワビやサザエをおこして出す。
岩の表面についているアワビをおこす。

「この仕事は大量生産ができない。場所によって道具の形が違う。使う人間の好みや癖もある。一本一本注文を聞いて、それに合ったものを作らなきゃならない。だから金儲けには一生縁がないだ」

自嘲気味の笑いの奥に野鍛冶の自信が覗く。土地土地の気候風土や、使い手の癖や資質に合った道具を選ぶという、ごく当り前の論理が生きている限り、規格物の大量生産品が入り込む余地はない。そこにこそ、野鍛冶が生きのびる素地がある。土や海に生かされているというのは、そういうことだ。

斉藤鍛冶の視線が火床の火を凝視する。炭が赤々と熾き、炎が踊る。火の中心は目を射るような輝黄色に変わっていく。火中にイソガネ用の鋼材がくべられている。

鋼材は廃車の板バネを利用している。板バネは全鋼。材質は硬いが、火造りと焼入れの加減で、弾力性と、刃先の硬度、切れ味を引き出せる。全鋼なので、先が減っても、鍛造し直せばいつまでも使える。

鋼材が火の色を吸っていく。温度は八〇〇度から一〇〇〇度。それより上げすぎると鋼がもろくなる。細かい火花がパチパチと散るようでは上がりすぎ。すべてが長年の勘による作業だ。

頃合いを見て引き出し、金床の上でタガネを当て、金槌で叩いて切り分ける。赤めて切り込みを入れ、冷まして叩くと簡単に折れる。酸素で切断する鍛冶もいるが、酸素では温度が上がりすぎて素材を痛めるという。

小さく切り分けた鋼材を火床に入れる。

「炭は途中で足さないようにする。作業の途中で炭を入れると温度が下がる。一回の作業にどれくらいの炭がいるか考えて、使う分の炭を入れておこすようにするといい」

思い出したように顔を上げて、押しかけ弟子に貴重な助言を与えてくれる。

赤めた鋼材をヤットコで引き出して打ちのばす。以前は奥さんが向こう槌を打ったが、いまはベルトハンマーが相槌を打つ。

ペダルを踏む微妙な足の操作で、機械に息を吹き込む。ガタンガタンと硬鉄の腕が振り落とされ、土間が震える。鋼が自在にのび、変形していく。

イソガネは一般に一方の端がノミの刃状に、反対側が鉤型に曲げてある。ノミの刃で岩に張りついたアワビをはがし、狭い岩の隙間や穴の中に入っているアワビやサザエを鉤で引き出す。

他にノミだけのものに樫の柄をすげたものもあるが、磯が複雑な地域では鉤付きのイソガネが好まれる。

まず、ノミ側を鍛造する。ノミの先は角度を持たせ、そこから薄くしていって刃先

板バネにタガネをあて、金槌で叩いて切る。

を打ち出していく。ノミの角度は一定ではない。同じ房総の海でも、潜る場所によって微妙な違いがある。

「海ん中の根が比較的平らで、岩の上にアワビがつくような場所だと、上からノミが入りやすいように角度がついてた方がいい。反対に、根が立っていて、岩の横についているところは、角度が浅い方が使いやすい。ノミの角度は貝をはがすときのテコになる」

また、刃先は底の部分が平らで、上面に少し丸みを持たせる。アワビと岩の間に入れやすいし、アワビの身を傷つけないための配慮でもある。

ノミ側が打ち終ると、反対側の鉤の鍛造にかかる。火床の火で赤め、槌で打ちながら途中から絞り、先端にかけて尖らせていく。鉤の部分は、ピッケル状の治具に当てて曲げる。熟練した鍛冶の手で、飴細工のように曲がっていく。

鉤の形も地域によって異なる。先が長いもの、短いもの。オウムの嘴《くちばし》のようなものや、シギの嘴のようなもの、クック船長の鉤手みたいなものまで、さまざまな種類がある。このイソガネの鉤は、貝をはずすだけでなく蛸も突く。

また、海中で潮の流れに引き込まれそうになった際に、岩に鉤をかけて身を守る道具にもなる。一本の道具が海女の生業を助け、命を救うことがある。

最後に焼き入れをする。イソガネ作りで、もっとも重要な工程だ。焼きが硬すぎると、使っている最中に折れる危険がある。逆に焼きが甘いと力がかかったときに曲がってしまう。

海女たちの、その日の収穫がかかっている。命もかかっている。気が抜けない工程だ。焼き入れ、焼き戻しの頃合いは火床で熱した鋼の色、水の温度、気候気温など、長年の経験に裏打ちされた勘に頼るしかない。

イソガネのノミの刃先部分だけを赤め、脇舟（水槽）の水に差し入れる。ジュッと音がし、金臭《かねくさ》い湯気が上がる。焼きが入った。

焼きがいい加減で入ったかどうかを確かめる。斉藤鍛冶の手に欠けた砥石が握られている。それで焼き入れした部分をこする。

「砥石でこそってみて、鋼《はがね》の肌が白くなると焼きが硬く入っている。砥石のかわりにヤスリをかけてもいい。ちょうどいい焼きの硬さは、古いヤスリだと滑って、新しいヤスリが少しかかるくらいが目安だ」

焼きが硬すぎたら焼き戻しをする。焼き入れしたイソガネを火にかざし、肌が茶色になるくらいまで熱するのがコツ。青さが浮いてきたら戻りすぎだ。焼き戻し（鈍《なま》し）は高温の焼き入れで、硬くなりすぎた金属組織を、柔らかい熱で戻してやって粘りを持たせる工程。

緊張の中で一本のイソガネが仕上がる。世に埋もれた市井の鍛冶の手で、廃材の板バネが、海に生きる人々の生業を助ける道具に生まれ変わった。そして寡黙な海の鍛冶は、素人の俄弟子入り志願者に対して、おしげもなくその技術の一端を見せてくれた。

「わたしは無学で口べただから口で理屈は教えられない」

額《ひたい》の汗を拭きながら、ニッコリ笑う。だが、その言葉の裏にはもう一つの意味がある。

「職人の技術は教えてもらって覚えるものじゃない。見て盗むもんだ」

斉藤鍛冶の目がそう語っていた。

その後、自宅の鍛冶場で見よう見真似でイソガネを作り、自分で海に潜って何度も試してみたが、肝心なところでヘラが曲ったり、鉤が折れたりして、あらためてこの道一筋、叩き上げの鍛冶の技の奥深さを痛感させられた。

8 ヤリガンナ

左久作（誂え鍛冶、東京都月島）

江戸鍛冶、二代目左久作《ひさく》こと池上喬庸さんの鍛冶場は、東京築地市場からさほど遠くない月島にある。

この界隈は、日本一の盛り場・銀座を真近にひかえて、まだ下町の風情が色濃く残っている。商店街を歩くと小商いの店や、もんじゃ焼きの店が並び、路地を覗くと棟割り風の民家が軒を連ねている。

時の流れがゆるやかだ。庶民の息遣いや暮らしの匂いが漂っている。懐かしい。気持ちが和む。

つつましやかな暮らしの音に混じって、ガタンガタンと耳馴れたベルトハンマーの音が聞こえてくる。

鍛冶屋は耳ざとい。引き寄せられるように音をたどると、じきに鍛冶場を探し当てられる。開口二間《けん》、半分開け放った煤けた戸から、ほのかな火の匂いと鞴《ふいご》の荒い呼吸《いき》が、路地の表に洩れている。

鍛冶場は長い年月の煤を吸って狸穴《まみあな》のように暗く、狭い土間にはベルトハンマーや火床《ほど》、金床などの鍛冶道具や、作りかけの品物が足の踏み場もないほど雑然と置かれている。

だが、そのひとつひとつが場に馴染んで異和感がない。そして、もっとも場に溶け込んでいるのが主《ぬし》である鍛冶職人だ。

池上喬庸さん（六十九歳）。父である初代左久作の名跡を引き継いで、すでに五十余年になる。

そして池上喜幸さん（三十八歳）。喬庸さんの長男。父を師と仰いで十五年になる。いずれ三代目を受け継ぐことになる。父から子へ、子から孫へと、江戸鍛冶の伝統と技が絶えることなく継承されていく。

「江戸鍛冶ってのは、お店《たな》仕事っていいますか、刃物問屋の下請量産の仕事をやらずに、客から直接注文を受けて仕事をする誂え鍛冶のことを言います。使う人の仕事に合った、使い勝手のいい刃物を作る。相手の見《め》えない仕事はやってこなかった」

柔和な風貌から、納得のいかない仕事はやらない誂え鍛冶の気骨が覗く。うつろい

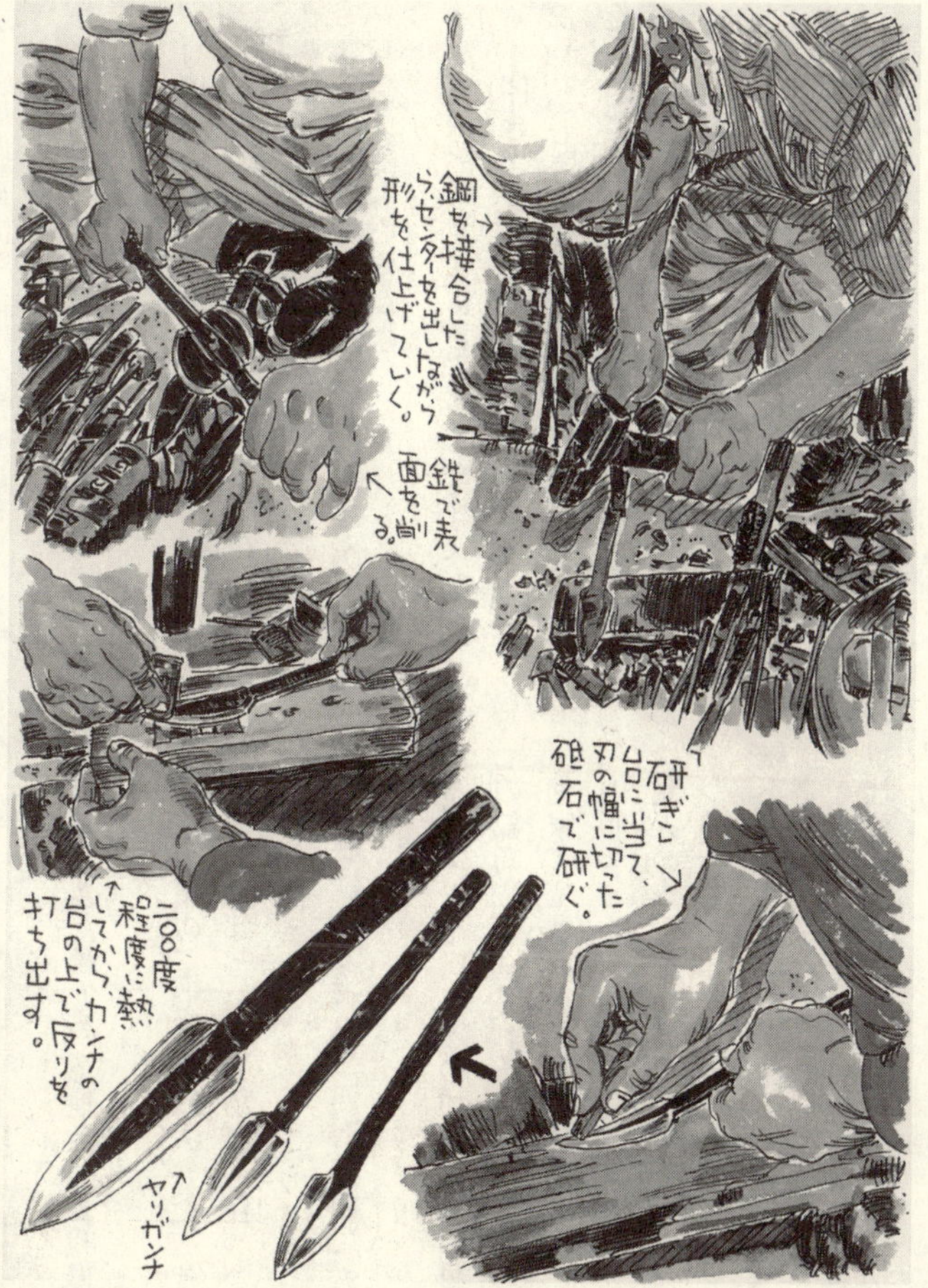

鋼を接合したらセンターを出しながら形を仕上げていく。
銑で表面を削る。
研ぎこ台に当て、刃の幅に切った砥石で研ぐ。
二〇〇度程度に熱してから、カンナの台の上で反りを打ち出す。
ヤリガンナ

の激しい世の中を、半世紀に亘って腕一本で筋を通してきた職人の意地とやせ我慢。

初代左久作は大工道具一辺倒の鍛冶だった。十二歳で父の下で修業に入った二代目は、その仕事を継いで主にノミを作ってきたが、頼まれればどんな刃物でも作った。誂え鍛冶は注文を貰って、できないとは口が裂けても言えない。

「親父の代から書き残してきた注文帳を見ると、手がけた刃物は二四七種類にもなる」

誂え鍛冶の元にはさまざまな注文が持ち込まれる。ノミを例にとっても、玄翁《げんのう》で叩く「叩きノミ」の部類と、手で突く「突きノミ」の部類に大別される。

大工、指物師、建具師、宮師、鞘師、穴師、彫刻家、楽器職人など、職人仕事の用途に応じて、追入《おいれ》ノミ、やっこノミ、穴屋ノミ、中叩きノミ、向待ノミ、丸ノミ、鎬《しのぎ》ノミ、鏝《こて》ノミ、台掘りノミなど数が多く、さらに職人の癖や使い勝手に合わせて特殊な誂えが持ち込まれる。

小刀類も、切り出し小刀から千代紙小刀、型紙小刀、竿師小刀、刳《くり》小刀、剣先小刀、革スキ小刀、接ぎ木小刀など、多岐におよぶ。

さらに箱根細工や、こけしやコマなどのロクロ仕事、マタギ用の刃物から、宮大工が使うヤリガンナ、ヤスリ、キリ、タガネなど、頭が混乱するほど数が多い。

なかには廃れてしまった道具も多く、かつて、柱の柄穴《ほぞあな》だけを刻む「穴屋」という職種があり、専用の柄穴ノミなどの道具があったことすら知る人が少なくなった。

「誂え鍛冶は注文された形をただ作ればいいというわけじゃない。道具の使い道に応じて地金や鋼を選ぶ。火造りや焼きの方法も変える。それで客が気に入らなきゃ代金をお返しする」

その覚悟や潔《いさぎよ》い。爪の垢を煎じて飲ませたい人間が自分も含めて大勢いる。

火床に火が熾きている。送風機の風がコークスの間から輝赤色の炎を踊らせている。モーターが入れられ、油と煤の厚い衣を着たベルトハンマーが向こう槌を務めるべく待ち構えている。鍛冶が横座に入る。ヤリガンナ作りの段取りが整っている。

ヤリガンナは、江戸時代以前に広く使われた道具で、その刃跡は奈良法隆寺の梁に見られるが、その起源ははっきりとしない幻の木工具だといわれる。一説には弥生時代に遡るといわれるが、ヤリガンナの原型と思われる刃物が、長崎のからかみ遺跡（縄文時代）から出土している。

いずれにしても古くは、いま我々が知っているような、木の台に刃をすげた「台《だい》

左久作作のヤリガンナと製作途中のもの。お客の使っている砥石の形に合わせた反りをいれることもある。

鉋《かんな》」というものはなかった。それ以前には、梁や角柱、板材はヤリガンナで表面を削っていた。

ヤリガンナが広く使われたのには、木材の製材方法が関わっていたようだ。室町時代ころまでの製材は、伐り出した原木にクサビを打ち込んで柱や小割、板などを取り、その仕上げにヤリガンナを使っていた。当時は、神社仏閣や格式の高い屋敷には、檜や杉などの良材が使われ、各地の山林には板を割るのに適した太くてまっすぐな良材が豊富にあった。

しかし、時代が進むと、庶民の建築需要が多くなって、素性のいい檜や杉が枯渇しはじめると、クセのある木はクサビではまっすぐに割ることができない。そのため、曲がった木やクセのある木は、縦挽鋸で挽いて製材するようになった。とくに安い木材は、クセや逆目だらけの柱や板が出回るようになると同時に、従来のヤリガンナでは、刃が引っかかって削りにくい。

ヤリガンナに代わって、台鉋が使われるようになった。台鉋は、刃が切れればさほどの技術がいらない。もちろん、台鉋にも熟達した職人技があるが、とりあえずは、台を材木の面にぴったりと当て、均等の力で引けば薄く削れる。台鉋の前身は、朝鮮から伝わった「突鉋《つきがんな》」だといわれる。

台鉋が普及すると、扱いに年季がいるヤリガンナが廃れていったが、現在でも宮大工など古式にこだわる職人たちがヤリガンナの技術を守り継いでいる。いまでも、ヤリガンナ仕上げの美しい木肌を、そこここで目にすることができる。

ヤリガンナを必要とする職人がいれば、それを作る鍛冶屋がいる。いまも市井の片隅で、職人の誂えを手ぐすね引いて待ち構える、頑固一徹な鍛冶職人がいる。

使い方は肩幅の長さの柄を両手で持ち、首の部分を支点にして、刃を気持ち斜めに滑らす要領で引いて木の表面を削る。削るとクルクルとちぢれた木屑が出る。

刃に反りがあるので木鉢などの曲線を削るのにも便利だ。特殊な専門的な道具に思われがちだが、いろんな用途がありそうだ。

鋼が火に入れられる。鋼はイギリス産の刃物鋼フェニックス。硬度が高く、切れ味鋭い刃物になる。鋼が火の色を吸う頃合いを見て取り出し、金床やベルトハンマーで打ちのばす。二丁分の寸法に切断し、接合しやすいように両端を薄くしておく。

硼砂《ほうしゃ》をかけて火に入れる。硼砂が焼けると膜になって、表面の錆びを一緒に剝がす。次に地金を赤める。和鉄の極軟鋼で粘りがある。地金が軟かいと、砥石で簡単に研ぎ減る。赤めたら、これも二丁分の長さに打ちのばして切断する。

地金の真ん中に特別に調合した接合剤を盛り、鋼をのせる。鋼の幅が地金より余分を持たせてある。これは地金のコバを巻くように鍛接するためだ。

再び火床に入れて火力を上げる。温度が低すぎると接合できないし、上げすぎると鋼がダメになる。同時に、材料は火に入れておく時間は必要最小限にとどめたい。その加減が、経験に裏打ちされた鍛冶の口伝と勘だ。

赤めたら取り出し、コバを巻くように打って接合する。そのあと、鋼がのった部分を薄く、平たく打ちのばし、両端の、柄《え》をすげるコミを打ち出しておいて真ん中から斜めにタガネを当てて、二本に切断する。

斜めに切断するのは、真ん中の部分が肉厚になるためで、この状態ではヤリガンナの先が打ち出しにくい。そのため斜めに切断しておいて、厚さを調整しながら打って広げ、中心を出しながら形を矯正していく方が理にかなっている。一見難しそうだが、作業を見ていると合点がいく。

形を整え、両刃の部分を薄くしたら、コミを寸法通りにのばして、灰の中に入れて鈍《なま》す。このときの温度は約七五〇度、灰の中で自然に冷えるまで一晩おく。これで一連の作業が終了する。

こうした作業が素早く、少しの無駄なく流れるように展開する。手順を反芻する間がない。熟練した鍛冶の技や恐るべしである。素人鍛冶の許容範囲を超えている。

だが、ここでへこたれてはいられない。

まだヤリガンナの反りを出す工程が抜けている。一つでも多く技を盗もうと、貪欲に食い下がる。

作業が再開される。鈍した材料を銑で表面を削り、さらに裏出しと刃を仕上げて、いよいよ反り出しの工程に入る。

地金を選んだ切り出しは、切れ味のみならず砥石に馴染む研ぎやすさ、刃紋の美しさを同時に楽しめる。

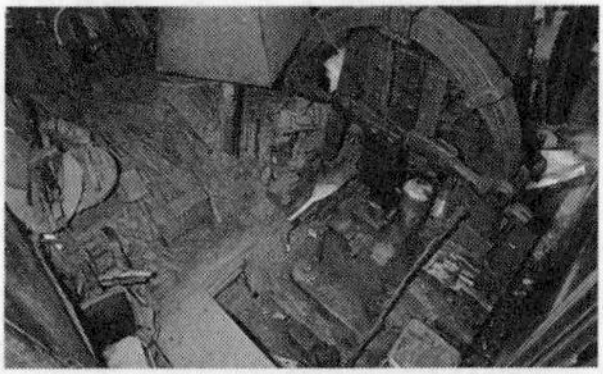
日本では珍しい左利き用の「左火床」。雑然としているようでも、コンパクトにまとまって使いやすい配置になっている。

日本では古くから使われていた道具だ。木の表面を平らに削るほか、寺社の丸柱や鉢等の曲りものを削る時に使われる。

トーチランプが持ち出される。火をつけ、刃の部分を熱する。鉄の表面に少し色がつく二二〇度程度に温める。それを刃を抜いたカンナの台の窪みに渡し、上から木片を当てて打つ。

意外なほど簡単に反りが出ていく。反りの角度は用途によって変わるが、最後の焼き入れの際に鋼側に反りが戻るので、その分を計算に入れておく。

素材の特性を見切った知識と技に驚かされると同時に、カンナの台という手近な道具を治具に応用する発想の豊かさに、職人の生業の深さを見る思いがする。今回もまた、たくさんの宿題が残った。

9 狩猟万能鉈

小林定雄（東京都）

鍛冶、小林定雄さん（七十四歳）は、朝の白々とした明かりが洩《も》れ差す仄暗《ほのぐら》い鍛冶場にいた。目の前の火床《ほど》には、すでに火が入っている。送風機が低い唸り声を上げて、炎を踊らせている。火花を爆《は》ぜながらコークスの山が火の海に侵食されていく。立ち火床の横には、この土間《どま》に根を生やしたようなスプリング・ハンマーがひかえている。背後の壁には百数本を数える火鋏《ひばさ》みや、大小さまざまな金槌《かなづち》が整然とかけられている。

その一つひとつが、一様ではない作業に合わせて手作りした道具だ。なかには過去に一度しか使われなかったものもあるが、どれも油が引かれ、再びいつ使われるかもしれない出番に備えている。鍛冶は全ての道具が頭の中に入っている。

この日、小林さんは病身をおして鍛冶場に立った。二カ月ほど前に胃《い》潰瘍《かいよう》の手術をしたばかりで、まだ体力が回復していない。力仕事や、根をつめてやる作業は身体にこたえる。だが、叩き上げの鍛冶は鍛冶場にいるのが一番気持ちが落ち着く。鍛冶場の空気を吸い、道具に囲まれていると、腹の底から気力が充実してくる。身体に染みついた六十余年の習い性、職人の気骨が火にむかわせる。炎を見据《みす》える顔の深い皺《しわ》に、余人の介在《かいざい》を許さない一徹《いってつ》な気迫が刻み込まれている。

火床が焦熱地獄の火口を広げている。火の温度はすでに一〇〇〇度を超えている。狩猟用の鉈《なた》の鍛造《たんぞう》が始まる。刃渡り七寸五分、切っ先の峰が下に緩く曲線を持たせた小判型。ちなみに、小判型は切っ先が柄の直線上にあり、獲物を真っすぐ突き刺す場合を想定している。

小林さんが作る鉈は、ほかに先を上反りにした青龍型や、日本刀型のソダ切り鉈、竹割り鉈など、鉈だけで二〇種以上ある。

いずれも、本職の猟師や、山の仕事師たちが、実戦用としての使い勝手を求めて注文してきたものだ。なかでも、小判型の鉈がソダ切りから、獣や魚の解体、料理などをこなす万能の鉈として評価が高い。

火に鋼が入れられる。鋼は安来《やすき》の黄紙。鋼材としては硬くて粘りがある。山では鉈を乱暴に扱う。木を切ったときに硬い節に当たることもある。刃が欠けた

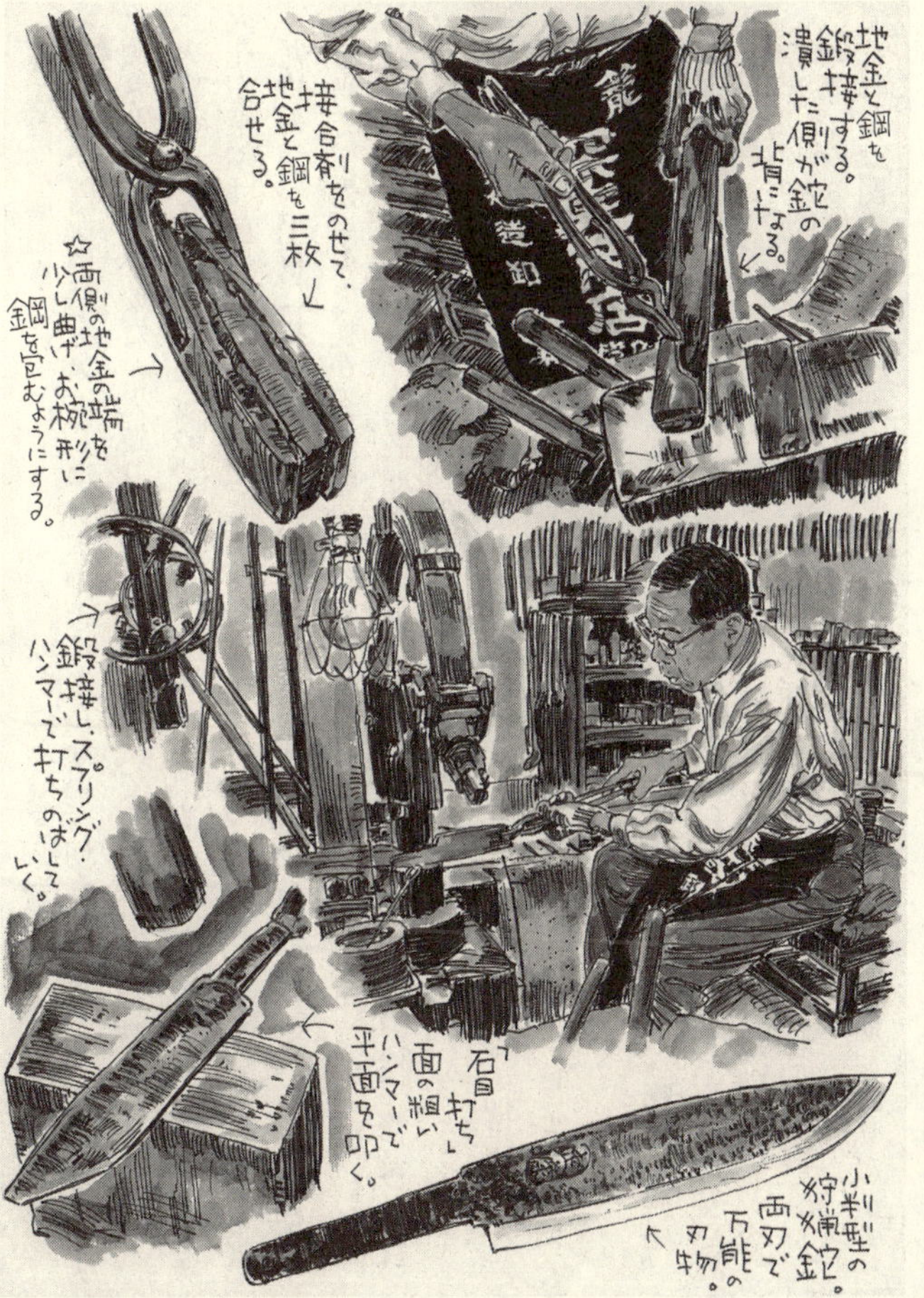
地金と鋼を鍛接する。潰した側が鉈の背になる。
接合剤をのせて、地金と鋼を三枚合せる。
☆両側の地金の端を少し曲げ、お椀形に鋼を包むようにする。
鍛接し、スプリング・ハンマーで打ちのばしていく。
石目打ち 面の粗いハンマーで平面を叩く。
小判型の狩猟鉈。両刃で万能の刃物。

ら山では研げない。大欠けしたら使い物にならない。切れ味鋭く、刃が欠けない刃物は硬さと粘りが必要だ。火造りや焼き入れの段階でも手が加えられる。

火床の中で鋼が火の色を吸っていく。凝視する鍛冶の眼光が鋭くなる。チカチカと火花が飛ぶ寸前に素早く取り出して打つ。金床の上で長い火花が放射状に飛び散る。丸棒の鋼が平板に打ちのばされ、タガネで三寸程の長さに切断される。師匠がタガネを当て、先手《さきて》の大槌が振り降ろされる。

先手を務めるのは息子の政明さん（四十四歳）。高卒後、父について修業し、すでに二十余年になる。親子鍛冶の阿吽の呼吸。寸分の乱れもない。

切断された鋼を再び赤め、打って一方を細く潰《つぶ》す。これを地金と地金の間に挟み、三枚合せで鍛接《たんせつ》し、打ちのばしていくが、鋼の細くした方が、鉈の峰側の柄に近い側にくる。

つまり、鋼は切っ先側三分の一程から刃側に沿って入っている。

「こうすると鉈に弾力性がでてくる。鉈は力を入れて使うもんだし、衝撃も強い。全体に鋼を入れてしまうと、どうしても柄の付け根から折れやすい。それを防ぐための工夫だ」

鋼がどういうふうに入っているかは、製品になってしまえば外見では分らない。見てくれとは関係がない。使う道具としての鉈にこだわる職人の意地と誇りだ。

これが出来上がりの狩猟万能鉈。

地金と鋼は接合剤を盛って三枚重ねにして、火鋏でおさえて火床で赤める。視線が火の色一点に注がれる。微妙な温度の違いを見分けるのは、熟練した職人の勘の世界だ。三層に重ねた地金と鋼が均一に火を吸い、接合剤が溶け始めた頃合いを見て取り出す。

金床の上で軽く三、四カ所打ってから再び火床に戻し、火力を上げたら素早く引き出して、今度は一気に鍛接して打ちのばす。

鍛冶の技の粋は、この一点に集約されているといってもいい。鋼の性質を壊さないギリギリの火の温度、接合剤の沸かし加減、均一に接合させる打ち方等々。赤めすぎると鋼の金属組織が破壊されてダメになる。低すぎては接合しない。中に接合剤が残ると滓《かす》が入る。傷や汚れになったり、空気がこもって鬆《す》ができてしまうこともある。

そうした、いくつもある確認点をいちいち頭で反芻《はんすう》していては間に合わない。身体が勝手に動くようにならないと一人前の鍛冶ではない。現実に、修業中の素人鍛冶にとって、見極めの立たない領域だ。とくに三枚合せの鍛接は手にあまる。

「鍛冶の技術は教えて覚えるようなもんじゃない。見て盗む。

自分でやって身につく」

昔かたぎの鍛冶は多くを語らない。頑固が口をへの字に曲げさせる。二代目に救いを求める。

「最初に軽くチョンチョンと叩いたのは、クスリ（接合剤）の表面を飛ばして馴染ませる仮り止め。それから赤め直して本格的に叩いて接合する。余分なクスリや空気を出すように、中から外側へ叩いていくのがコツ」

一カ所を強く叩くと、反対側がめくれて接合がうまくいかないことがある。外側の地金の縁を薄めにし、全体を軽く湾曲させておいて、お椀式に中の鋼を包むようにすると失敗が少ない。この技は盗ませてもらった。いちいちが論理的で合点がいく。

接合したらスプリング・ハンマーで一気に打ちのばし、鉈一丁分の長さに切断して柄のコミの部分を打ち出す。タガネで切り込みを入れ、金床の角に当てて大槌で打ちのばしていく。さらに小判型の形にタガネで切り落とす。先手が活躍する。火造りの工程が終る。

火床を離れ、別の金床に移って石目打ちの作業に入る。石目打ちは、粗い金槌の面で全体を丹念に叩いていくもので、鉈の表面に手打ちならではの細かい槌目模様が刻印される。

「石目打ちは、鉈の化粧だけじゃない。叩くほど金属がしまって強度と弾力が出る。木を切ったときの渋や汚れ、錆もつきにくい」

土間に腰を降ろし、石目槌をふるう作業が続けられる。規則正しい槌音が鍛冶場に響く。重い金槌をふるうのは、高齢で病み上がりの身体にこたえるが、手を休めることがない。鍛冶の生業が染みついた筋金入りの職人気質。

小林さんは、十三歳で鍛冶の道に足を踏み入れ、三十歳で独立して看板を上げた。そのときに親方と自分の名前の一文字をとって「定康」の屋号を貰った。

当時、東京の馬込界隈は農家が多く、国道は馬車の往来が激しかった。野鍛冶として、鍬《くわ》や鋤《すき》などの農具から車輪の修理、包丁や鋏など、刃物なら何でも造った。刃物は切れ味がよく、使い勝手がよく、評判は口コミで広がって、遠くから刃物の注文がくるようになった。

現在は、包丁から鉈、斧、筍《たけのこ》や自然薯《じねんじょ》掘りの鋤《すき》など、特種な道具の依頼が次々に持ち込まれてくる。ほとんどが、本職の仕事師からの注文だ。使い手と作り手の間に一切の妥協が介在する余地がない。出来、不出来の評価が直接はね返ってくる。熟練の技と、生業を賭した真剣勝負が面白い。それこそが本来の鍛冶屋のあるべき姿だ。

鉈は石目打ちのあと、グラインダーとヤスリで形を仕上げ、刃出しをしてから焼き

地金と地金の間に鋼を挟み、三枚合わせで鍛接していく。

入れをする。

焼き入れは松炭を使って赤め、油焼きをする。松炭は火が柔らかく、中まで熱が通って、ふっくらとした焼きが入る。

また、油焼きは柔らかく焼きが入る。鉈に弾力性が出て、刃が欠けにくい。焼き入れのあと歪《ひずみ》を取り、研ぎの工程を経て、ようやく鉈が完成する。柄には白樫が使われる。

小判型の鉈は、肉厚に作られていて重量感がある。手に持ったときのバランスがよく、いかにも使い勝手がよさそうだ。見せかけや、こけ脅しの刃物と違い、実戦用としての凄みと気品がある。

叩き上げの職人の手になる刃物は一生物だ。使えば使うほど味わいが出てくる。決して使い手を裏切らない。

誂え鍛冶「定康」の意地が看板を支えている。

二代目もすでに腕は一流で、無言の技は親から子へしっかり受け継がれていく。

10 渓流小刀

佐治武士（越前鍛冶、福井県越前市（旧武生市））

越前鍛冶、佐治武士さんの作業場は、武生《たけふ》市郊外の丘陵地にある。武生は周囲を山並みに囲まれた盆地状の地形で、北西側の壁の向こうは波荒い日本海が広がっているが、波音はここまでは届かない。

作業場は奥深く、広い土間に機械類が雑然と置かれ、外光が差さず薄暗い。肌に触れる空気がねっとりと湿っている。

その重く沈んだ静寂をゴーッという鬼の息のような低い送風音が震わせ、耐火レンガで囲った火床の中でコークスの山の底から灼熱の噴火口が覗いている。バチバチと火が爆《は》ぜ、青味を帯びた炎が乱舞する。作業場のその一角だけが激しく命を躍動させている。

火床は立ち火床。その正面、腰骨あたりまで掘られた横座に佐治武士さんはいる。火床と向き合って左手に送風調節があり、右手側に金床があり、その右隣りに脇舟

（水槽）がある。金床は軍艦の底板に使われていた鋼材で肉厚で幅が広い。

そして、背中側にベルトハンマーを背負っている。火床で赤めた素材を引き出したら、金床、ベルトハンマーと右回りで火造り作業ができるように設計されている。火床がマグマの海に侵食されていく。鋼材を選び、金槌や火箸を揃えながら、全神経は火床に注がれている。

炎の咆哮《ほうこう》、火が爆ぜる音、肌をあぶる熱気、ときどき垣間見る火の色で、火の温度が数度の誤差で分かる。すべてが熟練による勘の世界。佐治さんは十六歳でこの道に入って、すでに三十年になる。

「家はおじいさん、親父と二代続いた鉈《なた》専門の鍛冶。小学生の時分から使い走りや炭切りやコークス割りをさせられた。そのころから自分でも鍛冶屋になるもんだと思っていた。悩むことはなかった」

屈託のない笑顔に純朴で血気盛んな若さの片鱗《へんりん》が覗く。佐治さんは地元の中学を卒業すると、四年間、夜間の鍛冶訓練校に通いながら、昼は父親について修業をした。

父親は頑固一徹な職人気質。息子を鉄を鍛え上げるように仕込んだ。ゲンコツや火傷の数だけ鍛冶の技や性根が父から子へ受け継がれていく。折れ曲がりもしない筋金入りの三代鍛冶が誕生する。昨年、越前鍛冶として伝統工芸師の資格も取った。

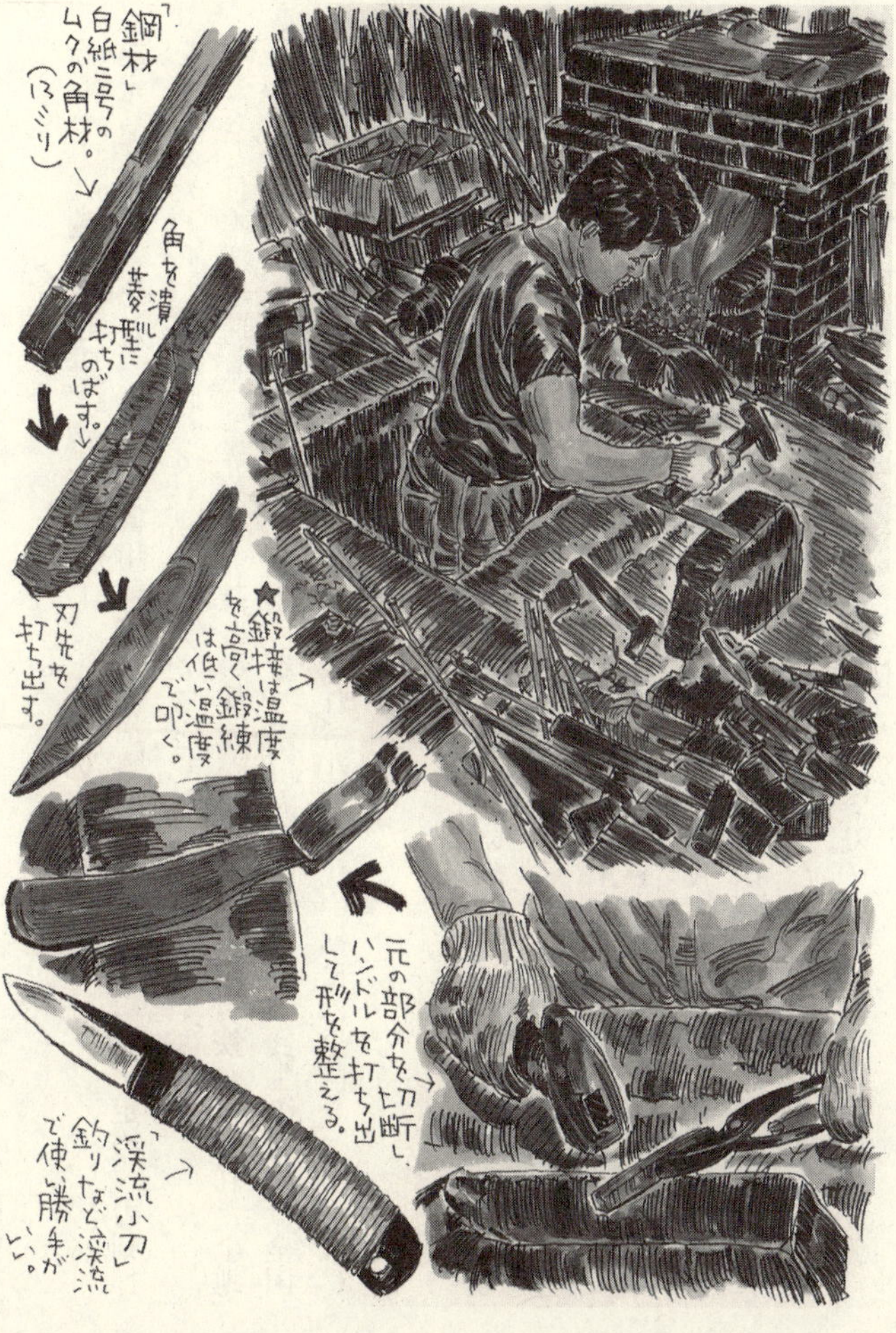
「鋼材」白紙三号のムクの角材。(13ミリ)
角を潰し菱形に打ちのばす。
刃先を打ち出す。
★鍛接は温度を高く鍛練は低い温度で叩く。
元の部分を切断しハンドルを打ち出して形を整える。
「渓流小刀」釣りなど渓流で使い勝手がいい。

そもそも、越前武生は刃物の産地として七百年の伝統がある。延元二（一三三七）年、京都の御用鍛冶、千代鶴国安がこの地に居を定め、刀剣作りをするかたわら、住人に広く技術を伝えたことに始まるといわれている。もともと日本海に面し、古くから大陸との交流が深く、たたら製鉄が行われた土地でもある。水や薪炭の資源にも恵まれている。京、大阪にも近い。武生の刃物は全国を席巻《せっけん》していく。特に鉈と鎌は、つとに知られ、江戸時代中期には全国シェアの九〇パーセントを占めたと喧伝《けんでん》されている。

火床の火の芯が、赤味が抜けて黄色味が強くなっていく。一一〇〇度を越えている。佐治さんの頭の中には「渓流小刀」が思い描かれている。

渓流小刀は渓流で釣った魚を捌いたり、細かい仕掛け作りに適した刃物。無垢の鋼の一本鍛えで、全長一八五ミリ、刃長七〇ミリ、刃幅二二ミリ。ハンドル部分に緩やかな曲線を持たせてあり、手にしっくり馴染んで使い勝手に優れている。越前剣鉈や、古式狩猟刀であるヌイ刃、猪切りなど、伝統的な実戦用刃物の復元に取り組んでいる佐治さんの作品の中でも評価が高い。

火床に鋼材が入れられる。安来《やすき》鋼白紙二号、一三ミリの角材を使う。強い風が送られ、炎が怒号する。鋼材はいったん火の上に置いて、全体を温めてから火の中に入れる。こうすると温度ムラがなく均一に赤まり、素早く火造りができる。長く火に入れておくと、鋼の炭素分が損なわれ、金属組織が劣化してナマクラ鉄になってしまう。

鋼がすぐに火の色を吸う。素早く引き出しベルトハンマーで打つ。角材を立て、菱形に打ちのばす。この方が平板にしたときに幅が出る。

薄い菱形になった材料を立てて角張った縁をならしながら、そのまま刃先を打ち出していく。厚さを均一に打ちながら、形を矯正する。材料が次第に赤味を失っていく。温度が下がったら火に戻して赤め、タガネで元の部分を切断したら、一気にハンドル部を打ちのばして仕上げてしまう。

硬い鋼が鍛冶の意のままに柔順に変形していく。一連の作業に無駄がない。その鮮やかな早技に驚嘆させられる。

形が出来上がったら焼き入れをする。刃の部分に水で溶いた泥を塗って火に入れる。泥を塗っておくと、赤めて水をくぐらす際に泥が素早く水を吸って均一に冷やす。水を弾かず焼きムラが生じない。

我が家では砥の粉を水で溶いて使っている。これは我が師、加藤清志氏に教えられた技術だ。

乾いた泥の下から、熱した赤みが浮き出してくる。白紙の焼き入れ温度は七六〇度から八〇〇度の間。温度の幅が狭いため、焼き入れが難しいといわれる。表面に泥が塗ってあるのでいっそう分かりにくい。

すべてが熟練による勘が頼り。火箸で挟み、火をくぐらせながら均一に赤め、頃合いをみて引き出し、ハンドルの尻のほうから水に通す。一、二度水をくぐらせ、わずかな余熱があるうちに火床に戻し、一八〇度前後に温めて焼き戻しをする。

戻し温度が低いほど焼きが硬く入る。逆に温度が高いと焼きが甘くなる。刃物の素材、用途によって加減が要求される。

焼き入れ、戻しの工程が終わる。あとは刃の部分の研磨、研ぎの仕上げ作業が残るだけだ。ふっと緊張が解け、一息つく。

「ここまでの作業を見ていた通りにやってみてください」

突然、白羽の矢に射抜かれる。緩みかけた神経が一気に収縮する。返事が一呼吸遅れる間に横座が空いてしまっている。もう逃げられない。

覚悟を決めて火床の前に立つ。一連の作業を頭の中で反芻《はんすう》する。頭と尻尾を考えると真ん中を忘れる。仕事は頭ではなく、身体で覚えるものだ。腹をくってやってみるしかない。

角の鋼材を火床にくべて赤める。コークスの火力は強い。一気に赤まってくる。あわてて引き出し、ベルトハンマーで打つ。

普段、手打ちでやっているので力の加減が分からない。足の操作で強くしたり弱くしているうちに、なんとか菱型に打ちのばす。だが、刃先の部分にくると力が強すぎて、グシャリと潰してしまった。金床に移して手打ちで何とか形を直す。切断したあと、元を先にして火に入れる。

「すぐに温度が上がる。出して！」

急いで引き出すと、鋼材の先が溶けてしまっている。表面の色がすでに黄色が飛んで目を射るような黄白色に輝き、細かい火花がチカチカと散っている。

作業は徒労《とろう》に帰し、材料を一本無駄にしてしまった。頭に血が逆流する。それにしてもコークスの火力は想像をはるかに超えている。

普段、松炭を使い、昔ながらの手動の鞴で火を熾《お》こしている身にとって尋常ならざるものがある。だが、それを口にすれば女々しい言い訳になってしまう。

気を引き締めて最初からやり直す。それでも、どうしても引き出すタイミングが一呼吸遅れる。ベルトハンマーにさえ技量を見抜かれて遊ばれる。翻弄《ほんろう》されながら、渓流小刀もどきを四本、何とか形にだけをした。ヤケクソついでに鋼と地金を鍛接して、切り出しナイフを一本仕上げた。

この段階では、どれも表面が黒々として、刃物の出来は分からない。ヤスリや砥石で表面を磨いて、はじめて隠れていた素性が現われる。

切り出しナイフは鋼と地金の鍛接、火造り作業はうまくいった。だが、焼き入れ後に研ぎ出してみると焼きムラのクモが浮いている。赤めたときの温度が低かったか、水に浸している時間が短かったのかいずれかだ。

焼き入れ、戻しをし、研磨、研ぎの工程に入るころには日がとっぷりと暮れていた。冷汗をかきつくした全身の毛穴から、今度はドッと疲労が吹き出してくる。しかし気分は昂揚《こうよう》している。いい経験、いい勉強をさせてもらった。改めて鍛冶仕事の奥の深さを噛み締めながら、冷えたビールの栓を抜いた。

押しかけ鍛冶屋修業は、毎回こんな感じ。そのつど作るモノが異なる。鉈鍛冶、斧鍛冶、包丁鍛冶等、相手は年季の入った当代一流の専門鍛冶で、その技を素人鍛冶が一度や二度の実地指導で覚えられるはずもない。毎回、頭が混乱し酸欠で朦朧としてくる。

しかし、その断片のいくつかは、細胞の中に確実に残る。そのアメーバのような細胞がいつか結合し、血肉となって甦ることがあるかもしれない。時間をおいて全身に広がってくる疲れや痛みが、その夢想を後押ししている。

11　向こう槌

坂本権四郎、健次（農鍛冶、岩手県盛岡市）

城下町盛岡、北上川東岸に沿った路地を歩くと、道路に面して開け放たれた硝子戸の中から、トッテン、カッテンと槌打つ音が洩れてくる。硬い鉄を打つ澄んだ金属音が、互いに合いの手を入れるように調子のいいリズムを刻む。耳馴れた者には、それが手打ちの鍛冶の音だということがすぐに分かる。さらに鍛冶に詳しい者なら、それが二人鍛冶の作業だと直感する。

一般に、鍛冶の音を聞き分けるには、初心者でもトッテンカンという手打ちの音と、ドデスカ、ドデスカと機関車が走り出すような機械打ちの音の違いは分かる。だが、鍛冶仕事に対する知識、洞察が深くなると、手打ちの音自体の違いで、作業形態が読み取れるようになる。トッテンカンは確かに手打ちの音だ。しかし、トッテンカンとくれば、横座に座る師匠以外に先手《さきて》が二人いなければならない。

先手というのは、師匠と向き合って大槌を打つ人間のことで、番手という呼び方もする。その先手を一人で叩くときは「一挺番手」といい、二人で叩くときは「二挺番手」、日本刀など、長物を鍛《きた》える際には「三挺番手」まである。その作業形態が音の違いに現われる。

普通、手打ち鍛冶の場合は、炉の前の横座に師匠が座り、赤めた鉄を火鋏で引き出して金床の上に置き、小槌で軽くトンと打って先手に叩く場所を指示する。先手はそのポイントをはずさないように大槌でテーンと強く打つ。

その繰り返しで、トッテン、カッテンというリズムを刻む。先手が二人いる場合はそれにもう一つ、カーンという音が割り込んでトッテンカンになる。ちなみにテンとカンの音の違いは、鉄の温度の差による。一番先手のときは火の温度が高く、素材が柔らかいので幾分鈍い音がするが、二番先手のときは微妙に温度が下がり、素材が硬くなって鋭い音を発する。

こうした何げない鍛冶の生業《なりわい》に接するとき、あらためて伝統の技の奥深さが心に染みる。

また同時に、かって日常の暮らしの身近にあった職人の手仕事が、安易な合理性に片寄った文化によって席捲《せっけん》され、いまや郷愁でしか語られなくなりつつある現実に

大槌の打ち方
大槌をアンビルの中心に合わせる。左手は柄の端を持ち、身体に軽くつける。
肘を身体につけたまま、大槌を引き寄せる。
「大槌」と
4キロから12キロまである。
そのままの状態で大槌を振り上げ、アンビルの中心に打ちおろす。

憤《いきどお》りを覚える。そもそも文化とは何なのか。その問いは単なる道具論を超えて、民族の精神性、アイデンティティに関わる命題だ。

槌打つ音をたぐって家の軒先に立つ。硝子格子の戸に「坂本刃物農具製作所」の白文字が浮いている。

明かりのない薄暗い室内から熱風が溢れてくる。炭独特の臭気、火を吸った鉄のかすかな酸味を帯びた匂いが混じっている。鍛冶の匂いだ。

アンビルを挟んで二人の男が対峙《たいじ》し、槌をふるっている。打つたびに真っ赤に焼けた鉄が飴のように変形し、激しい火花が飛ぶ。どっこい、日本の鍛冶がここに生きている。

仕事の手を休め、東北人特有の温和な笑顔に迎えられ、敷居を跨《また》ぐ。横座に立つのが坂本権四郎さん（七十七歳）、先手の大槌を手にしているのが健次さん（三十九歳）。父と子二代の親子鍛冶。

鍛冶場に、二人の気迫の余韻が充満している。横座から見上げる小柄な老鍛冶の姿には、そこに六十余年座り続けて、根が生えているように馴染んで、存在感がある。

朴訥《ぼくとつ》とした面持ちは炎を映して上気しているが、汗ひとつ浮かず、呼吸《いき》も乱れていない。その眼差《まなざし》の奥に、叩き上げの鍛冶の気骨と意地が覗ける。気骨と意地は、自分の生き様と仕事に対する自信と誇りが支えている。

鍛冶としての坂本家の歴史は古い。初代は三戸《さんのへ》南部氏が盛岡に入ったときに一緒に連れてこられ、主に築城に必要な道具を作ったといわれる。代々、坂本家は城下町を守護するように、北上川舟運の要衝《ようしょう》であった明治橋のたもとの船着場近くに居を構え、権四郎という名とともに鍛冶の技を受け継いできた。

現、権四郎さんは十五歳のときに徒弟として先代につき、見込まれて養子になった。父、権四郎十二代、息子健次さんが十三代目に当たる。

権四郎さんが鍛冶の道に入ったいきさつが面白い。

権四郎さんは大正八年生まれ。当時、農家の口《くち》べらしに男の子を鍛冶屋の丁稚《でっち》にやることが多かった時代に、十五歳で自ら進んで鍛冶になった。生家は鍛冶とは関係なかったが、伯父に鍛冶職人がいた。

「伯父さんという人は鍛冶としては案外ヘタでしたなす。それでも羽振りがよくて金《かね》を持っていたすな。こども心に鍛冶ってばいい商売だと思ったし、もっといい物が作れないかという頭もあったなす」

一度決断すると東北人は頑固で融通がきかない。自分で鍛冶屋巡りを始める。だが、高等科出の十五歳の少年を雇ってくれるところはなかった。

尋常小学校を終えた十二歳なら引く手あまたで使ってくれた。鍛冶の仕事を覚えるには身体が出来ていない幼いこどもの方がいいし、なまじ学問があると理屈が先に立って反発する。職人はムリ偏《へん》にゲンコツの世界。技は身体が覚え、理屈はあとからついてくる。

「困っていたらここの先代だけが使ってくれた。上に六人弟子がいた。鍛冶屋は上下関係が厳しいでなす。上から順番に仕事をしていくから、一番下は一番おそくまで仕事を手伝わされる。身体はエライが仕事は余計に覚えられる。そのうち兄弟子は独立していったが、師匠は私を残して娘つきで後継ぎにしたんすな」

権四郎さんの語りが炉辺で聞く懐かしい昔話のように耳に心地よい。

鍛冶仕事が再開される。送風機が荒い息を吹く。火床《ほど》に炭がバチバチと爆《は》ぜ、炎が踊る。炭は栗《くり》炭。一般に鍛冶炭として使われる松炭より硬いが、送風の加減で火力を自在に調整できる。

風を送れば火力が上がり、止めれば自然に火力が落ちる。昔は、厳寒期に雪の上から伐採され、切り残された根を雪解けに伐り、野焼きで炭を焼いた。

鍛冶は無言の作業。小槌が打つポイントを示し、大槌が的確に打っていく。呼吸《いき》が合うのに年期がいる。
大槌で支えて安定をよくする。
材料が撥ねないように大槌で端をおさえる。

火床に地金が入れられる。火力が一気に上げられる。みるみる鉄が火の色を吸っていく。黒みが消え、赤を通り越して橙《だいだい》色から黄色味を帯びて輝き始める。素早く引き抜き、鉈《なた》一本分の厚さと長さに打ち伸ばす。この作業では機械ハンマーが活躍する。

その間に鋼が火床に入れられている。休む間もなく赤めた鋼を抜き出して打ち、切断する。

接合剤を盛って地金と鋼を合わせる。地金と鋼の両側に接合剤をつけて重ね、端の隙間を埋めるように周囲にもかける。

火鋏で強く締めるようにして火床に戻す。鋼がずれないように炭を上から静かにかぶせ、火力を上げる。

権四郎さんが小槌を持ち、アンビルに向かって立つ。頭の後ろの目が火の色を凝視《ぎようし》している。

小槌でアンビルの端を小刻みに打つ。作業開始の合図だ。いちいち口で指図していては間に合わない。大槌を打つ速度を先手に指示している。健次さんが大槌を構える。この道すでに十七年。師であり、父親である相手の呼吸は熟知している。

材料が引き出される。アンビルの上にのせ、交互に打って鍛接《たんせつ》する。温度が下がると素早く火に戻し、再び引き出して打つ。

師匠が小槌で軽く打ち、そのポイントをはずさないように先手の大槌が強く打つ。小槌がアンビルの端を細かく叩く。「速く打て」という合図だ。大槌の回転が速くなる。

小槌がアンビルを二度軽く叩く。「大槌をやめろ」の合図。

赤めては打つ鍛造《たんぞう》作業が繰り返される。材料を切断し、コミの部分を打ち出し、長さと幅を打ち伸ばしていく。鉈の形が出来上がっていく。

形の細かい矯正は小槌で打つが、その間も先手は休むことがない。長物の材料が撥ねないように、常に大槌でおさえ、支えている。そのポイントを師匠の小槌が絶えず指示を出している。

鍛冶仕事は無言の作業。小槌と大槌だけが対話し、掛け合いの調子を刻む。その阿《あ》吽《うん》の呼吸を習得するのに長い年季が要る。そして、弟子は先手を務めながら、師匠の頭の中に入り込み、仕事を覚えていく。

作業が一段落したところで、少々気後れしながら、先手の向こう槌の打ち方の教えを乞う。俄《にわか》弟子入り志願者の図々しさを、師匠の度量がやんわり受け止めてくれる。

まず、大槌の持ち方から教わる。打つポイントはアンビル、金床の中心。そこに大槌をのせ、左手で柄の端を包むように握って持つ。

柄の端を出しておくと、振り下ろしたときに身体に当たって怪我をすることがある。柄を持った手を下腹に軽くつけ、右足を斜め前に出して構える。これが先手の決まった位置になる。

次に、左の脇を締め、肘を身体につけたまま大槌を胸元に引き寄せるように持ち上げ、軽く頭上に持ち上げて振り下ろす。

打った際の姿勢が、最初に構えたときと同じになる。この基本を守っていれば、何度やってもアンビルの中心のポイントをはずすことがない。

「途中で、強く叩く必要がある場合は、振り打ちをする」

振り打ちは、基本的な姿勢から打ったあと、右足を後ろに引きながら、大槌を下から一回転させて振り回して打つ。

普通の打ち方の何倍もの威力があるが、初心者には荷が勝ちすぎている。

教えを頭の中で反芻《はんすう》しながら大槌を構える。師匠が横座に立ち、火床に材料が入れられる。もう待ったがきかない。向こう槌の経験は過去に一度しかないが、腹をくってやるしかない。

火床から材料が引き出され、アンビルの上に置かれる。小槌がポイントを打つ。大槌を引き上げ、振り下ろして打つ。ポイントをはずれている。続けて打つ。その度に狙ったポイントがずれてしまう。材料の表面がデコボコに変形する。

「肘が離れているから大槌がぶれる。身体にくっつけて振る」

叱責《しっせき》の声が飛ぶ。頭に血が逆流する。何事においても、力まかせにねじ伏せようとする悪癖が出ている。気を取り直し、基本を確認しながら作業をする。

日本の伝統を守りつつ、親子向かい合って槌を振り下ろす。

狙ったポイントに当たる。徐々に正確さが増してくる。打つ位置はつねに同じ。師匠が材料を引いていくと一定方向に伸びていく。

師匠がアンビルの端をトントンと叩く。作業中止の合図だ。全身から汗がドッと吹き出す。腕の筋肉が軽く痺れている。

「もうコツをつかんだ。弟子として認める。今後はいつでも来てやっていい」

師匠の情けが身に染みる。歓喜の声を上げたい気分だ。すっかり身体が硬くなった中年の鍛冶修業。先は見えているが、心情だけは無辜《むこ》な十二歳の少年のごとく、ひたむきに修業に打ち込むことを肝に銘じる。

「私たちは、山の人たち、農家の人たちを大事にしてきたすな。その人たちの四季の暮らしや仕事とともに生きてきたすな。いい刃物、いい道具を作っている限り、日本の鍛冶はなくならない。なくしてしまってはいけないすな」

野鍛冶の一途な意地が胸にせまってくる。鍛冶の技と同時に、その精神こそを引き継ぐ弟子でありたいと強く心に期す。

12 肥後守

永尾元佑（兵庫県三木市）

兵庫県三木市、永尾駒《かねこま》製作所。新潟県三条市、岐阜県関市と並ぶ刃物の産地にあって、明治後期から大正、昭和の三十年代にかけてこどもたちの〝神器《じんぎ》〟の座に君臨してきた肥後守《ひごのかみ》を作る工場も、いまはここ一軒だけになってしまった。

肥後守。この名を耳にし、口にした瞬間に悪たれガキだった昔の熱い思いと、郷愁がこみ上げてきて、胸がキュンとする。折り畳み式の安価な刃物だった肥後守。そして驚くほど切れ味が鋭かった肥後守。

その一本の刃物に、こどもがこどもとして逞《たくま》しく生きた時代が凝縮している。かつて、だれもが例外なくこどもだった時代を超えて、節くれだったこの手に肥後守を握れることが嬉しい。

そして、いまなお、肥後守を守り継いでいる永尾駒製作所こそ、まさに古《いにしえ》の少年たちの魂の原郷に等しい所だ。

少年時代を過ごした越後から遠く離れた異郷の工場を訪ねるのに、妙に懐かしく、心騒ぐのもそのせいだ。五十面《づら》を下げたむくつけき男の胸の奥底に、まだ純な少年の熱情がくすぶっている。

工場は三木市の市街を少し離れた住宅地の一角にある。かつては、のどかな田園風景に点在した刃物の工場群も、いまは住宅地に侵食され、そこだけ時代の流れから取り残されたように見える。

だが、そうした時流に手の平を返すように迎合することをいさぎよしとしない職人の気骨と不器用さが、それぞれの時代を支える屋台骨になってきたことも、また事実だ。

敷地内は古い瓦屋根の作業場と、鉄筋建ての工場が向き合い、隅に鉄屑が雑然と積み上げられている。足の下の土が鉄錆を吸って赤錭色をしている。人影がなく、時の流れが揺蕩《たゆた》うように穏やかだが、そこには目に見えない張りつめた空気が混然一体となって漂っている。

鍛冶場を訪ねるときにいつも感じる独特の雰囲気がここにもある。鍛冶仕事に類似した曲尺の町工場だった自分の生家と同じ匂いがして、これも懐かしい。

「金敷」

「炉床」

「青紙」の三層「鋼」を赤め、「尾」の部分を打つ。

「横座」

火床で三本材料を赤めながら素早く打っていく。

ブレードの厚さを揃えて打ちのばしていく。

ブレードの反りを出し、刃を打ち出して幅を出す。

足が自然に作業場に向く。腐朽して傾いた低い軒をくぐると、内部は外光を遮《さえぎ》って暗い。手前の土間の隅が鍛冶場になっている。壁側に土盛りをしたカマクラ型の火床《ほど》があり、中で細かく砕いたコークスが赤々と燃えている。その横に、これも小さな金床が据えられ、職人が座る横座の周囲に金槌や火挟みが無造作に置かれている。

鍛冶場の奥はさらに暗い。漆を塗り込めたように闇が重く、燭光の小さい裸電球の明かりの輪郭が吸収されて一層暗さを強調している。その暗い作業場にグラインダーや研磨機などの機械が所狭しと置かれ、低い唸り声と鼓動のような音が増幅して響いている。そして機械に対峙する職人の手元から発した火花がグラインダーの縁を一周して弧を描き、花火のように激しく放射される。線の束の火に混じって火花の先がチカチカと裂けて飛ぶ。地金と鋼の火花が競い合っている。

ここには、巣穴に潜った鼬《いたち》のような職人たちの息遣いと気迫が充満している。そして、この外界から隔絶された暗闇の空間は、肥後守という新しい物質の生命を産み出す産屋であり、母の胎内そのものだという観念を強く認識する。

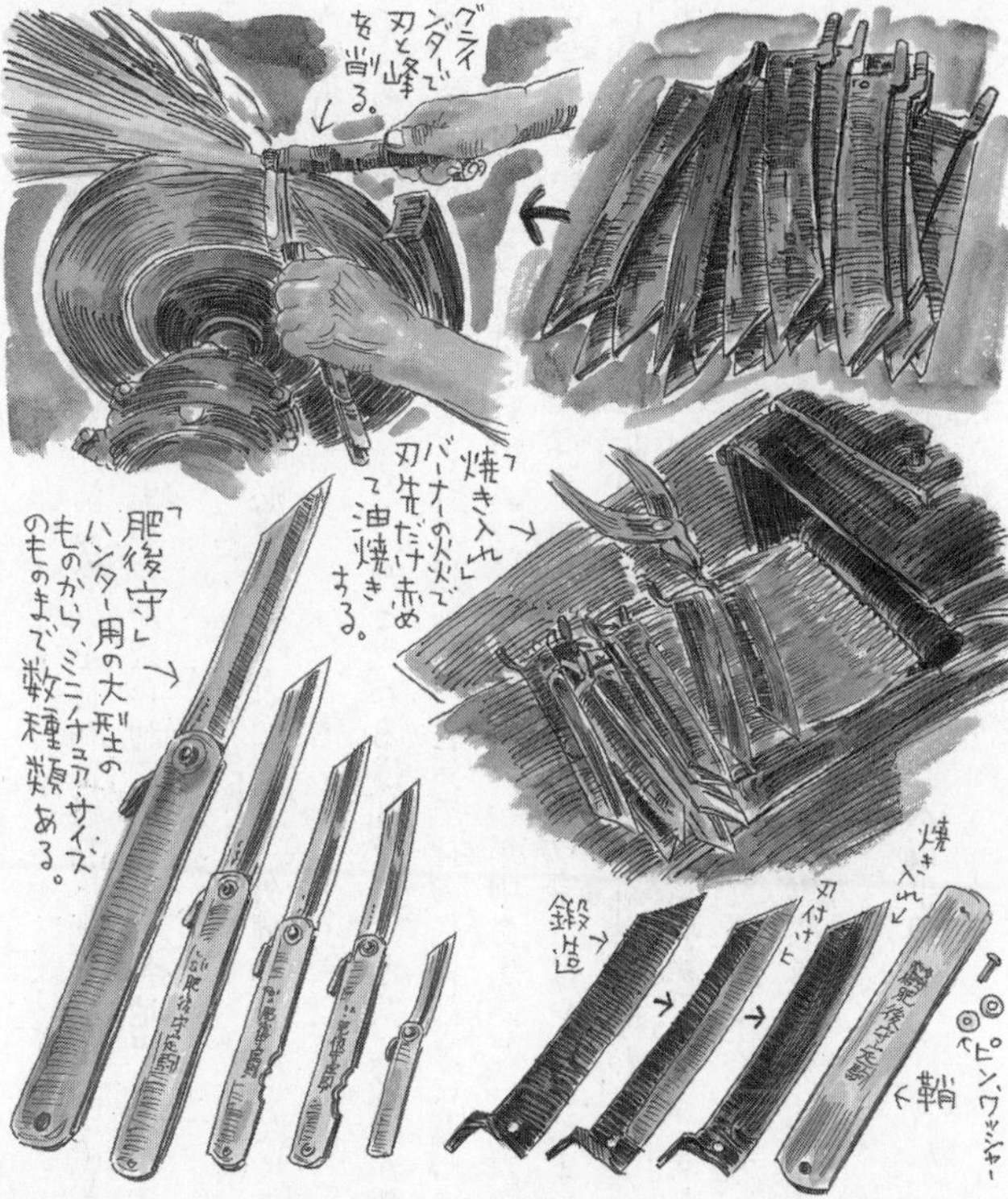
グラインダーで刃と峰を削る。
「焼き入れ」バーナーの火で刃先だけ赤めて油焼きする。
「肥後守」ハンター用の大型のものから、ミニチュア・サイズのものまで数種類ある。
鍛造
刃付け
焼き入れ
鞘
ピン、ワッシャー

鍛冶場は神聖な場所だ。清浄な火を自在に操り、鉄を加工して物を造り出す鍛冶職人は聖職者だ。火で片目を失ったたたら師や鍛冶が、各地で神として祀られているのはそのためだ。

また、古くは鍛冶の家は必ず村はずれにあり、外界から入ってくる災いを結界で祓《はら》う呪術師の役割りを果した。

村の娘が嫁ぐ前に、いったん神と交わる儀礼を神主と共に鍛冶が務めた時代もあった。それは儒教がもたらされる以前の、自然崇拝の信仰観念に基づくものだ。

「鍛冶屋というのはこれでエライ仕事ですわ。年中鼻黒鼬《はなぐろいたち》で、ボロ着て働かんならん。いまの若い人には辛抱でけんやろう。それでもワシらはやめられません。好きとか嫌いとかとは違って、やっぱり面白いんかな。因果な性分ですわ。職人っていうのんわ」

永尾元佑さん（六十二歳）が鼻の横を煤《すす》で黒くした顔で笑う。驕《おご》りのない無辜《むこ》な童の顔だ。永尾さんは、肥後守の原型作りに関わった永尾重次さんの血筋にあたり、三代にわたって肥後守を作り続けてきた。いまでは専業で肥後守作りをする最後の一人になってしまった。

肥後守の原型は、明治二十六、七年頃に三木市平田町で作られた、俗にいう平田ナイフだったといわれる。

平田ナイフは、鋼を地金に割り込んで鍛造した刃に、真鍮や鉄製の鞘《さや》を取り付けたもので、鞘の面に人物や花鳥風月などの図柄を彫刻し、すでに「肥後守正宗」などの銘があった。

そもそも「肥後守」は刀匠に与えられた銘で、過去に数々の名刀、名匠を世に送り出してきた。とくに加藤清正のお抱え鍛冶であった菊池延寿派が造る「肥後正宗」は、質実剛健な実用刀「胴田貫《どうだぬき》」として広く世に知られてきた。

しかも明治はまだ刀への愛着が色濃い時代。安価な実用刃物である平田ナイフに名刀のイメージをちゃっかり拝借して、優秀さを宣伝しようとする、したたかな魂胆がそこに見え隠れする。

平田ナイフは売れた。名前に負けず切れ味がよく、各地で評判をとった。追随する業者が増え、明治三十二年には「肥後守ナイフ組合」が設立され、登録製造業者四〇軒、職人は二〇〇人を数えるまでに発展する。三木市以外の刃物産地でも肥後守が作られるようになる。

だが、業者が増えれば品質にムラがでる。粗悪品が多くなって、トラブルが発生する。一蓮托生《いちれんたくしょう》のツケが回ってきて自分たちの首を締める。売れ行きが激減する。

肥後守の起死回生の名策は、明治三十七年、期せずして九州熊本、肥後の国よりもたらされる。当時、三木市で刃物問屋を経営していた重松三郎氏が九州から二本の刃物を見本として持ち帰り、永尾重次、村上貞治両氏に製造を依頼することから、今日の肥後守の歴史が始まる。

「九州から入ってきた肥後守の原型がどんなものだったのかは分からないんですわ。何しろ現物が残っていない。切り出しや小刀のように柄が固定されていたという説や、柄と刃が一体で、布切れのようなものが柄に巻いてあったという説もあれば、現在の形に近く、刃を柄の中に折って仕舞い込むようにできていたという話もある。はっきりしているのは両刃だったということ。これだけは確かでしょう。あとは当時の鍛冶屋たちが工夫、改良していって、いまの形になった」

肥後守の最大の特長は、日本刀などの刃物と同じく、鋼を地金に割り込んだ日本の伝統的な鍛造によって作られ、切れ味が鋭いことに加えて、両刃で汎用性が高いこと。

さらに鞘が横曲げで刃が安全に仕舞える。初期の頃は縦曲げと横曲げの鞘があったが、縦曲げは刃体が三六〇度回転するために、刃が飛び出さないように鞘の背中を叩いて潰す手間がかかる。手間は生産コストにはね返る。

鞘を横曲げにすることで、安全性と値段がおさえられるようになった。安価で買えることも肥後守の特長の一つだ。

また、肥後守の刃物には尾（チキリともいう）が付いている。これによって刃を出すときに便利で、ストッパーにもなる。使う際に尾を指で押えるだけで刃が安定し、安全に作業ができる。尾という小さな突起一つに、先人たちの試行錯誤の歴史がある。

「せっかくの機会だから、自分で肥後守を打ってみませんか」

こちらの腹の内を見透かすように、永尾さんの目が笑っている。実は内心、取材にかこつけて自分で肥後守を作ってみたいという秘かな魂胆があった。何を隠そう、バッグの中には鍛冶用の着替えまで入っている。

少年時代に、自分の手の一部のように馴れ親しんだ肥後守に対して、ずっと強い憧《しょう》憬《けい》を抱き続けてきたが、それが自作できるとなれば願ってもない夢のような話だ。

永尾さんの誘いを渡りに舟と、かねて岡《おか》惚《ぼ》れしていた女性の家へ夜這いをかけるように、工場の隅でいそいそと着替えをする。

鍛冶場で永尾さんが待っている。すでに火床の中で火が熾《お》きている。送風機の強い息で火口がコークスの山をジワジワと侵食していき、紅《ぐ》蓮《れん》の炎が妖しく踊っている。

鋼材が用意されている。鋼材は安来《やすき》の青紙の三層鋼。青紙は鋼としては硬く、カンナやノミなどに使われる最高級品。肥後守の鋭い切れ味の秘密がここにもあった。鋼材はプレス機で型抜きされてあり、それを一本一本火造りする。

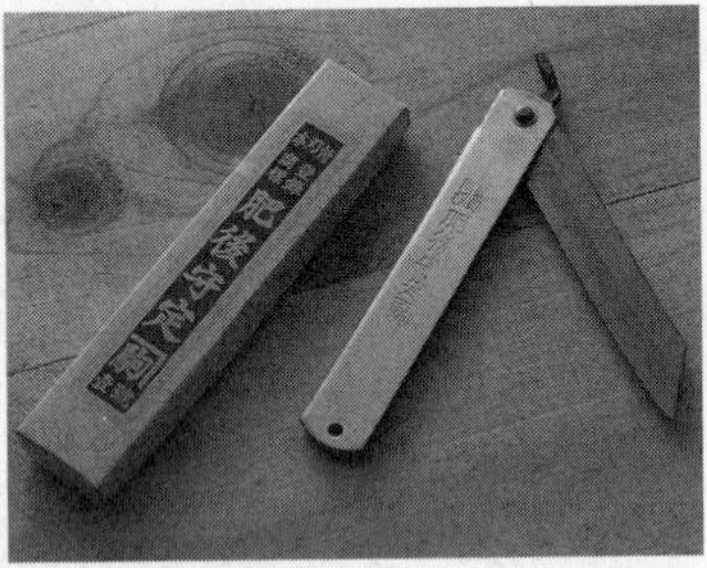

日本人によって、日本のナイフが生まれた。
それが肥後守だった。

まず永尾さんに教えを乞う。永尾さんが横座に座ると、ジグソーパズルの最後のピースをはめ込んだように、ぴったりと情景が完成して異和感がない。

型抜きされた鋼材の刃先の部分を火挟みで挟み、火の中に入れる。永尾さんは三本一緒に入れた。三本を一緒に火造りしようとしている。職人は火を無駄にしない。

火の色を吸った鋼材を引き出し、金床の上で打つ。元の部分の厚みを揃え、尾を打ち出す。金床の角に材料を当て、数回打つと鉤《かぎ》型の尾ができる。一見、無造作にやっているが、尾の高さや角度によって、組み立てたときにブレードがへの字形に折れたり、逆に反ったりする。尾を打つと、尾の部分を火挟みで挟み直し、素早く火に戻す。

すかさず次の材料を抜き出し、尾を打つ。再び火に戻し、三本目を引き抜いて打つ。打つ時間と、次の材料が火の中で赤められる時間がピッタリ合っている。

尾が打ち終わると、一本目に戻り、ブレードを打つ。激しい火花が飛び、平板が変形していく。刃先がのび、反りが槌に反応していく。

一本打ち終わると挟みからはずして、新しい材料を挟んで火に突っ込む。まるで煎餅でも焼くように、火から材料を出し入れしながら、見馴れた肥後守のブレードが次々に打ち上がっていく。

永尾さんは左きき。火床や金床の位置とは逆手になるが、そのハンデを感じさせない熟練の早技に圧倒される。

「見た通り簡単だからやってみて下さい」

横座を明け渡される。気後れがするが、覚悟を決めて場所を入れ替わる。肥後守用の火床や金床は小さい。九〇キロの大男が座るとママゴト遊びをするようで腰が落ち着かない。

作業の手順を頭の中で反芻《はんすう》するが、混乱してまとまらない。とりあえず鋼材を火挟みで摑んで火床に入れる。コークスの火力は強い。すぐに赤まる。それを引き出して尾の部分を打つ。力の加減が分からない。最初は弱く、徐々に強く打つ。

尾の指を当てる部分が潰れて変形する。角度を変えて打ち直す。鉤型に曲げると角に段差ができる。

「金床の縁にしっかり当てて打つ……」

　永尾さんのやさしい叱責《しっせき》が飛ぶ。火挟みをつけ変え、赤めてブレードを打つ。刃先をのばし、刃を金床の面に当てながら、峰を打って反りを出す。歪みを修正して何とか形にする。永尾さんの甘い合格点が出る。気をよくして二本目にとりかかる。材料を火に入れる。

　一瞬、火から引き出すタイミングがおくれると、材料が黄輝色に輝き、線香花火のような火花が飛んでしまう。温度が上がりすぎて、鋼の素材が破壊されてしまう。

　普段、自宅では手動の鞴《ふいご》と松炭を使っているので、コークスと機械送風だとどうしても手が遅くなってしまう。ときどき引き出して火の色を見ながら作業を進める。それでも一〇本打つうちに三本は材料を無駄にしてしまった。不馴れとはいえ、これではとても商売にならない。

　火造りした材料をグラインダーで削り、焼き入れをする。焼き入れはLPガスと酸素混合のガスバーナーで刃先だけを熱して、油焼きをする。峰側を焼き入れしないことで粘りが出て、折れにくくなる。

　焼き入れの温度は約八〇〇度、桃色の炎を目安にする。教えられながら、なんとか作業が終了する。そのあと鞘と一体に組み立て、仕上げの研ぎをかける。

　ついに自作の肥後守が完成する。いちおう形だけは肥後守の体裁を保っている。握ってみると手にしっくり馴染む。胸の奥から喜びがこみ上げてくる。世界中に一本しかない、自分だけの肥後守だ。

こどもの頃、肥後守は駄菓子屋で買った。昭和二十年代後半、三〇円から五〇円くらいで、こどもの小遣いで買えた。初めて持つ自分専用の刃物がうれしかった。買ってそのままの肥後守は仲間から軽蔑され、自分で刃を研いで切れ味を自慢しあった。肥後守にひもをつけ、いつもポケットに入れて持ち歩いた。肥後守で鉛筆を削り、竹トンボや鉄砲、パチンコ、木刀などの玩具は何でも作った。ヘビやカエルを解剖し、畑から盗んできたスイカやウリを切って食った。肥後守からこどもたちの夢が生まれた。

いま、齢《よわい》五十を過ぎて、もう一度童心に帰って肥後守で遊びたい。自分の手の中に自分で作った肥後守という新しい宝物がある。

数本の材料を火で赤めながら、機械のように連続技で打ち出していく。

13　鰻裂き包丁

本城永一郎（大阪府堺市）

火を落とし、職人の姿もない鍛冶場は、森の祠《ほこら》にいるような凛とした厳粛な空気が張りつめていて、思わず身が引き締まる。

鍛冶場の入口には注連《しめ》が張られ、火を操る神聖な領域との間に結界を作り、そこに足を踏み入れる者はまずそこで世俗の穢れを祓《はら》わなければならない。

その先は、濃い陰影に沈んだ広い土間になっており、鞴《ふいご》や火床《ほど》やベルトハンマーや金床やグラインダーなどの道具が整然と配置され、ある種の威厳と風格を漂わせて佇《たたず》んでいる。

錆を吸った硬い土間に、窓の磨硝子《すりガラス》を透かした鈍い外光が、輪郭をぼやかした影絵遊びをしている。

堺打刃物「水野鍛錬所」の鍛冶場。ここは刃物の産地、大阪、堺にあって三代続く鍛冶で、三代目の現当主、水野昭治さんは刀剣界で名を知られた刀匠。数々の名刀を世に送り出すと同時に、住吉大社の御神刀や、法隆寺五重塔再建の際には、九輪《くりん》の魔除け鎌や和釘などを鍛えた。

さらに、早くから南蛮貿易で盛《さか》え、文化の発信基地であり、日本一の鉄砲生産地でもあった堺の鍛冶の技は、包丁などの一般刃物にも生かされている。

水野鍛錬所「源昭忠」の包丁には、包丁式各流派の包丁や柳刃、蛸引、河豚《ふぐ》引、鮪《まぐろ》切り、出刃、細工包丁、うどん切り、蕎麦切り、中華包丁、鰻裂きなど、種類は多岐におよぶ。

しかも、鰻裂き包丁一つとっても、江戸裂き、名古屋裂き、京裂き、大阪裂き、九州裂きがある。地方によって独特の形をした鰻裂きを自在に作り分ける技術は、他の追随を許さない。

ちなみに、九州裂きと大阪裂きは刃と握りが一体になった切り出し型で、九州裂きは刃が握りに水平につけてあるのに対して、大阪裂きは斜めに角度をつけた完全な切り出し形をしている。

江戸裂きと名古屋裂きは木製の柄がついた包丁型。両方とも薄刃だが、江戸裂きは刃が大きく、刃先が鋭敏に立っており、名古屋裂きは小振りで、皮むき包丁のようなおとなしい形をしている。

もっとも特長があるのが京裂き。小さい鉈《なた》に似た形で、肉が厚くて重い。表側の峰の部分にはコの字型の段差がつけてある。鰻を裂くときはここを持って、顎下から尾へ一気に引き降ろし、頭と尾、身を切り分けるときは柄を持って、刃の重さで振る。こうした独特の形は、奇を衒《てら》ったものではなく、各地方の鰻裂きの職人や料理人が、実践的な使い勝手を追求した末の、究極の意匠だ。

それにしても、どうして同じ日本で、地方によって鰻を捌《さば》く刃物の形が違うのか。また、腹開きと背開き、蒸す蒸さないという調理法の違いはどうしてなのか。不思議といえば不思議だ。

実は、今回の旅の目的はそこにある。鰻と刃物の不思議な縁《えにし》、このヌルヌルと摑みづらい謎を追って、好奇心と卑しい食い意地にせきたてられて、はるばる堺へやってきたのだった。それはまた、日々の暮らしに根差した実用刃物に、強い憧憬《しょうけい》を持つ僕自身の鍛冶修業でもある。

鍛冶場の火床に火が入れられる。送風機の低い息遣いに、黒いコークスの山の底から灼熱の火口がジワジワと侵食していく。

握りの部分を厚く段差をつけ、刃を薄く均等にのばす。
鍛接して、コミを打って切断する。
地金
接合剤をつけて鋼をのせる。
万力に刃を挟んで峰側の握りの部分を打ち出す。
アテビシを当てて、刃を広げる。
タテギリのタガネを当てて、切れ目を入れる。

立ち火床の横座に、本城永一郎さん（六十五歳）が立つ。本城さんは十五歳で水野鍛錬所に鍛冶の見習いに入って以来すでに五十年、むり偏《へん》にゲンコツの、叩き上げの職人の世界を生きてきた。その筋金入りの鍛冶の技は、いま「源昭忠」の刃物すべてを支えている。

「ほな、いこか。何でもやってみせたるで。鰻裂きで作るんが一番難しいんが京裂きやが、ほならそれでいこか！」

屈託のない笑顔を向ける。職人特有の偏屈さを咀嚼《そしやく》してしまった熟練鍛冶の人柄に救われる。それは、我々にとって願ってもない申し出だ。

なぜなら、京裂きの鍛造技術は水野鍛錬所が長年の研鑽《けんさん》によって独自に編み出したもので、過去に一度も公《おおやけ》にしたことがない〝門外不出〟の技術だからだ。

「昔の京裂きいうのんは、刃の峰側のでっぱりの部分を溶接したりして不細工なもんやったで。それを親方と一緒に、一体化して打ち出しで作り出した。以前は他人《ひと》に見せんと、鍛冶場の出入口に見張りを立てて打ったもんや。それがいまとなっては、他所《よ》《そ》でよう作らんこともあって、京裂きそのもんを知らんというようになってきて、それを使いこなす料理もすけないのうなってきたさけ、思いきってやってみてもええかなと考えたんや」

その心情の裏には、一つの刃物が完成するまでの過程で積み上げられた、使う側の使い勝手への要求と、その現場での機能性を満たし、さらに優れた意匠に高めていこうとする作り手側の切磋《せっさ》琢磨《たくま》の歴史が、合理性優先の時代の波に埋もれていくことへの憤《いきどお》りと愛惜《あいせき》がある。

いい道具は使われてこそ価値がある。後世へ引き渡されてこそ、暮らしの中に文化が継承される。同時に、いまとなっては技術を公表しても、他に真似されることはないという鍛冶の自信がある。

極軟材の地金を火床に入れて赤める。鉄はすぐに火の色を吸う。それを引き出して槌で打って形を整え、水打ちをして表面の酸化膜を飛ばす。

鋼は安来《やすき》の青紙。すでに切断され、接合面をグラインダーで磨いてある。昔は手ヤスリで磨いた。その方が接合しやすい。

鋼の面を水で洗い、接合剤を盛って、赤く熱した地金の上にのせ、火鋏で強く押しつける。接合剤が熱で溶け、ジクジクと沸く。それをしばらく待って火床に戻す。送風機の息が強くなる。火床の中で炎が踊る。

本城さんは終始、肩の力が抜けて飄々《ひょうひょう》としている。それでいながら耳で火の温度を聞き、視線は次の作業の道具を確かめている。鍛冶の生業が身体に染みついている。

素早く火から材料を引き出し、ベルトハンマーで打つ。最初は軽く打って接合し、次に強く打って一気に打ち伸ばしていく。

本城さんの接合温度は低い。熱した鉄の赤みが抜けきらない八〇〇度。一般的には一〇〇〇度以上に上げないと地金と鋼が接合しにくい。かけ出しの僕など温度が足りずに剝がれて、何度失敗していることか。

しかも、接合剤は一般には硼酸《ほうさん》と硼砂《ほうしゃ》にヤスリで削った鉄粉を調合したものが使われるが、本城さんはヤスリ粉の代わりに、鉄を赤めて打ったときに出る酸化鉄を粉に砕いて調合している。これは一般の接合剤に比べて接合しにくい。

「確かにつきにくいけど、やりようによってはちゃんとつくで。それに温度を上げすぎると鋼がイカンよう（駄目）になってまう。低い温度で練るように伸ばしていくと、いい刃物になる」

年季を積んだ鍛冶の言葉は、聞き流せば軽く、求める者には鉄のようにずっしりと重い。

早くも刃体が接合されて広がり、柄に入るコミが打ち出される。それを一本分の長さに切断し、火鋏でコミをおさえて火床へ入れる。

鉄は火と相性がいい。たちまち赤味を取り戻して華やぐ。火床から出したら、京裂きの特長である刃体の握りの部分にタテギリのタガネを当て、打って深く切り込みを入れる。さらに切り込みにアテビシと呼ばれる角型の槌を当てて打つと段差ができる。鋭角な段差を打ち出すには、アテビシを斜めに当てる必要がある。当然、アテビシの上に面も傾いている。

それを上からベルトハンマーで打つ。槌の支点と力点、ベルトハンマーのセンターが垂直に揃わないと槌が弾き飛ばされる危険がある。もっとも技術を要する作業だ。傍目の緊張をよそに、作業は流れるように進む。道具が職人の身体の一部になり、職人が精巧な機械と一体になっている。

段差ができたら刃先を打ち伸ばしていく。ベルトハンマーが従順な先手を務め、規則正しく槌を打ち降ろす。それを点で受けとめて均等の厚みで全体に伸ばしていく。普通、刃先を薄く打ち出していくと、先へ伸びていって峰側に反っていってしまう。素人は最後には変形を収拾《しゅうしゅう》できなくなってしまう。これはすでに何度も体験済みだからよく分かる。

「ほかの厚みを薄い部分に持ってきたりしながら、外へ伸ばすのと逆に、外のカネを中に入れ込むようにして伸ばすのがコツ。このカネ運びがきんとやれん」

頭で理屈は分かっても、身体の方がついていかない。四十路なかばで本格的に始め

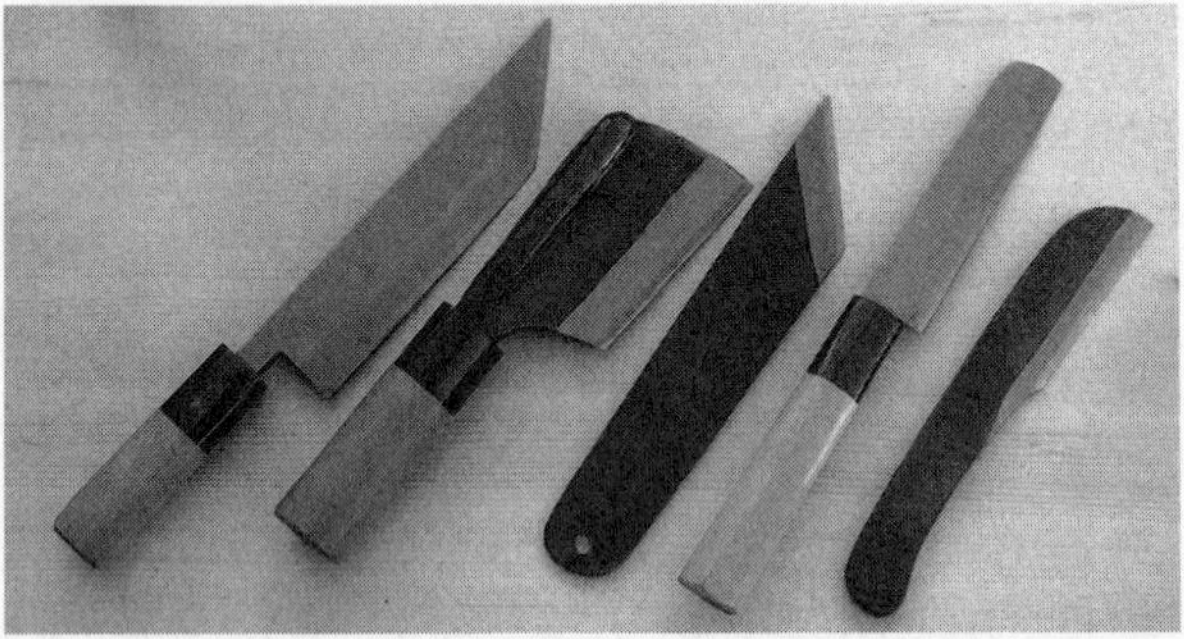

左から江戸、京都、大阪、名古屋、九州の鰻裂き包丁。所変われば品変わる。

た鍛冶修業。すでに六年を経て課題があまりに多い。しかも、やればやるほど新たな難問、難関が待ち受けている。先は遥かに遠い。

刃体を全体に伸ばしたら、最後に山形になったシノギの部分を平らにして火造りが終わる。

そのあと、材料を人肌くらいの温度に温めてナマタタキをして、厚みのムラ取りと叩き締めをする。さらに型を当てて切断、焼き入れ、鈍《なま》し、研ぎなどの工程を経て、ようやく鍛冶の手が離れる。

「まぁ、こんなとこや。いまは機械相手に一人で打てるけど、昔は向こう槌が三人ついて四人仕事でやった。えらかったな」

本城さんが軽く朝飯前の一仕事を片づけたような、清々しい笑顔で立ち、火床から上がってくる。手に仕上がった京裂きが握られている。

京裂きは、鉈に形が似ていて、峰側に握りを厚くしてあるので重い。他の鰻裂きに比べて堅牢《けんろう》で、無骨な感じさえする。これで鰻を捌くというのが不思議な気がするが、これもまた一地方の料理人たちが、究極の使い勝手を求めた形だ。

「日本の刃物いうのは、何でこんなに種類が多いんかと思うほど数がある。同じ用途でも、刃を立ててくれいう人もあれば、刃先を落としてくれいう人もある。大きい方がいいいう者もあれば、小さい方がいいいう者もある。みんな自分の使いいい刃物を求めてくる。それにいちいち対応せんならん鍛冶の仕事は、大変やけど面白い。使うモンと作るモンが丁々発止《ちょうちょうはっし》で活気があった。けど、いまは道具が少《すけ》のうなって、使うモンが道具に合わせる時代になってきた。それやと、大量生産の安物の刃物ですんでまう。打刃物の鍛冶屋の用がなくなってしまう。さみしいことやわ。それでも、いまさらやめられんけど……」

半世紀をこの道一筋に生きてきた鍛冶の泣き笑い。だが、その言葉の裏には、どうせ己一代、消えてなくなるものなら消えたらいいという職人の潔《いさぎよ》さと、時代の変遷など自分の技量の内に取り込んでみせるという職人の気骨が絡《から》み合っている。

どっこい、世界に誇る日本の打刃物の技が、そう簡単になくなってたまるものか。筋金入りの鍛冶の土性骨はそれほどヤワではない。

刃物にこだわる使い手がいれば鍛冶がふんばれる。逆に、いい刃物を作る鍛冶がいれば、使い手が育つ道理。

その使い手を求めて、水野鍛錬所を辞す。堺の市中を走る阪堺線のチンチン電車と南海線を乗り継いで、羽衣《はごろも》駅前の「うなぎのうえだ」の暖簾《のれん》をくぐる。主《あるじ》、上田恒丸さん（五十二歳）が鰻を捌いている。上田さんは寿司職人から鰻屋に転身して二十年になる。頭髪を剃り落としたスキンヘッドの眼光鋭い風貌に料理人の気骨が漂っている。上田さんが愛用している鰻裂きは、切り出し型の大阪裂き。他の刃物は使ったことがないという。

重さや刃の角度など、細かい注文をつけて水野鍛錬所で作ってもらっている。特注した刃物を、さらに自分で鋭い刃先を丸く落とし、刃は二段に研ぎ出して使っている。

「刃先が尖っていると鰻の身を傷つけてしまう。それから刃は二段に研いでおかないとシノギの部分が当たるし、刃がひっついて滑りが悪い」

水野鍛錬所で借りてきた京裂きを出す。あわよくば上田さんに使ってみてもらおうという魂胆。だが、あっさりと断られる。

「使ったことがないから使われん。第一、料理の仕方が違う」

「大阪裂き」

「京裂き」

目打ち
握りの部分を持って鰻を裂く。

親指を除く、四本の指で刃物を握って裂く。

大阪では鰻を腹開きにする。

肝をはずしてから、頭の方から骨を切り取る。

理由は明解。その頑固さは職人の金看板だ。では料理法の違いというのは何なのか。

「大阪は鰻《まむし》を蒸さずに地焼きして食う。頭と尾をつけたまま一匹丸ごと焼いて、脂のたっぷり乗ったんを食う。頭までしゃぶるんが大阪の食い方や。腹を開いて骨と肝をはずすだけやから、切り出し式の刃物が一番使いやすい。ところが、東京や京都は鰻を蒸すやろ。蒸すには頭や尾を落としたり、身を切り分けんといかんから包丁式の刃物を使うわけや」

目から鱗が一枚落ちた。料理法によって刃物の形が変わる。当たり前の話だが、そのこだわりが妙にうれしい。

ちなみに蒸す蒸さないという鰻の料理法の違いは、関西は水のきれいな川で捕った鰻だからそのまま焼いて食えるが、関東は沼で捕った鰻の泥臭さを抜くために蒸したという俗説があるが、これは偏見として聞き流す。

だが、大阪は食いだおれの町。庶民は脂の乗った鰻の旨さをよく知っている。また、かつて江戸に鰻を食わせる屋台が市中に出廻り始めた時代は、蒸さずに直焼きをしていて、一般庶民、とくに力仕事をする仕事師たちに人気を呼んだ。脂の乗った鰻は、味が濃くて美味なうえ、精がつく食べ物だった。

その後、江戸では蒸してしつこい脂を抜く料理法ができて、侍から町人まで広く普

本城さんの仕事場、水野鍛錬所の全景。

及した。では、腹開きと、背開きの違いはどこからきたのか。

「江戸は侍がいばっていたから、腹を切るのを嫌って背開きにした。大阪は庶民の町やから〝腹を割って話そう〟というので腹を裂くんとちゃうかな」

上田さんがニヤリと笑う。また目から、鱗が落ちる。洒落《しゃれ》の中に本音と真実が垣間見える。

大阪と江戸（東京）には潜在的な対抗意識がある。大阪は文化の厚みを強調して、歴史の浅い江戸に反撥する。逆に江戸は将軍のお膝元を笠に着て、粋《いき》さを気取って大阪の野暮《やぼ》を笑う。

空に掲げる凧を、大阪がイカといえば、江戸はタコという。鰻も大阪が腹開きにすれば、江戸は背開きにするという意地の張り合いがうかがえる。だが、確かなことは、あらゆる文化は大阪に始まり、江戸に下って、定着していったことだ。

上田さんが鮮やかな手つきで鰻を捌いていく。目打ちを鰻の横っ面の骨の硬い部分に刺して固定し、顎の下を斜めに切って腹を一気に尾まで裂き降ろす。

ニガ玉を破らないように肝をはずし、背を切り離して開く。次々に腹開きの鰻が山に積まれる。

それを水洗いし、串を打って丸ごと火で焼く。鰻は捌いてからの寿命が二十分、その間に焼き上げる。鰻はまだ腹を裂かれたのに気が付かないかのように、目をむき、口をパクパクさせながら、串を打たれた身をくねらせる。いい匂いがする。この匂いだけで飯が一杯食える。

自家製秘伝のタレを付けて焼いた鰻を乗せた丼をいただく。思ったより身が柔らかく、脂が乗って旨い。言葉を一緒に飲み込んでガツガツと食う。その旨さの奥に、刃物を作る鍛冶と、それを使う料理人の心意気が隠し味になっている。

14　斧

入野勝行（鉈鍛冶、高知県土佐山田町）

斧《おの》鍛冶、入野勝行さんの鍛冶場は、土佐山田町の市街地のはずれ、物部川にほど近い路地奥にあった。

戦後に建てられた木造の共同工場。かつては広い工場内に八業者が肩を寄せあって活気を呈していたが、いまは入野さんを含めて二業者だけになった。

鉤《かぎ》型に囲われた工場は、土間やそこに澱《よど》む空気までが炭の粉や鉄錆を吸っているかのように仄暗《ほのぐら》い。開け放たれた窓や、破れた板壁の隙間からは初夏を思わせる明るい日差しが覗けるが、その光も工場内のブラック・ホールに吸収されて急速に力を失っていく。

入野さんの鍛冶場は、工場の片隅にある。前打《まえうち》を務める五〇キロの剛腕を誇るベルトハンマーに、耐火レンガ鉄板囲みの石炭炉、焼き入れ用の火床、金床《かなどこ》、円形の湯舟が横座を囲み、金槌《かなづち》や火挟み、タガネや治具類、そして鋼材が雑然と置かれている。

それらは、いかにも無雑作に放り投げられているように見えるが、すべてが手の届く位置にあり、配列は職人の頭の中に入っている。

こうした道具は、鍛冶の作業形態や職人の体形、癖などに合わせて配置されていて、他人が動かすと作業がギクシャクする。鍛冶の丁稚《でっち》が道具を勝手に触ると親方の玄翁《げんのう》が飛んでくる。一方では鍛冶仕事の手順を覚える手がかりにもなった。

入野さんが横座に立ち、明るい外光を背にして火床と対峙している。逆光の黒い輪郭の顔が灼熱の炎に照らし出される。

七十歳という年齢を感じさせない骨太のガッシリした体躯《たいく》に、年輪を皺《しわ》に刻み込んだ気骨張る風貌。それでいて、どこか飄々《ひょうひょう》としたところがある。肩の力が抜けている。表情を崩すと、人なつこい好々爺《こうこうや》の顔が覗く。この道一筋、半世紀を腕一本で生きてきた筋金入りの鍛冶にして、生業を遊ぶ無辜《むこ》な〝職人子供〟の顔だ。

炉に怒気を孕《はら》んだ鬼の息が吹き込まれ、激しい炎が炉口から吹き出している。目を射《い》るような輝黄色の炉の中には斧用の地金が入っている。

地金は厚い延べ材をタガネで三寸七分、七五〇グラムに切り分けられている。強い火力で地金がたちまち炎の色を吸い、透明感のある黄金色に輝き出す。

地金を打って四角い塊にする。
柄をすげる「ヒツ」をエバリで抜く。
「エバリ」

斧鍛冶
入野勝行さん

それを火挟みで取り出して打つ。足の操作で、鋼鉄の前打がハンマーを続けさまに打ち降ろす。地金は鉄の垢《あか》を剝《は》ぎ落としながら四角い塊に変形していく。

斧の頭《ヘッド》に鋼を接合する。斧の頭は山から原木を曳《ひ》き出す際に、トッカン（鎖つきのクサビ）やカスガイを打つ金槌として使う。角でワイヤーを切るのにも使った。また、現場で鋸《のこ》の目立てをするときに、斧の刃を垂直に木に打ち込み、頭を金床代わりに使ったりする。

頭に使われる鋼は鉄道のレール材。硬度、弾性がある。ちなみにレール材は、車輪が乗る上部を「頭」、その下の支えを「中板」、下部の基盤の真ん中を「底」、底の両端を「耳」と俗称し、頭は薪《まき》割り用の斧やツル、中板は原木を挟んで回すガンタ、底を鍬《くわ》などの鋼材として使い分けた。

赤めた地金の塊に、鉄粉に硼酸《ほうさん》、硼砂《ほうしゃ》を混ぜた接合剤を盛り、切断しておいたレール材の鋼をのせる。鋼は地金につける面の両端にタガネ目が切られ、めくれが作ってある。

こうすると接合する際にクサビの役をしてずれない。熟練した鍛冶の隠れた工夫だ。鋼をのせた地金を炉に戻して赤め、接合剤がジュクジュクと沸いて溶ける頃合いを見て引き出し、ハンマーで打って素早く鍛接《たんせつ》する。

炭で斧を焼き入れ。

これを「沸付《わかしづけ》」といい、火造り鍛冶の腕の見せ場だ。接合剤を盛られた鉄は激しく火花を飛ばし、鍛冶はその火花を全身に浴びながら槌《つち》をふるい、次第に精神が忘我の境地に昂揚していく。

鍛冶が一切の打算や虚飾を捨て去って崇高《すうこう》な神の領域に近づきつつある。激しい送風の音や灼熱の炎、地面を震わす槌音が異空間のバリアを作ってその一角を包み込んでいる。

材料が再び炉に入れられる。炉の内には火竜が棲《す》んでいる。赤い舌をメラメラと舐《ねぶ》り回して、鉄の塊を岩漿《マグマ》に変える。

火挟みで摑み出し、横に寝かせて「柲《ひつ》」をあける。柲は柄を通す穴のことで、鍛冶によって伝統的なしきたりがあり、地方による型がある。

下が細い楕円形の柲が丸ビツで近畿一円で使われる型。全体が長方形で、その左右の長辺がやや外側にふくらんで柄の強度を凝らしてあるのが角ビツ、あるいは土佐ビツと呼ばれるもので、四国、中国、九州で好まれる型。

逆さの台形で左右の長辺にふくらみを持たせたものを信州ビツ、または三角ビツといい、信州はじめ中部関東以北で集中している。優れた刃物の産地として全国を席捲《せっけん》した土佐鍛冶は、柲の違いもいとも容易《たやす》く技の内に取り込んでしまう。

赤めた地金にエバリと呼ばれるタガネを当て、ベルトハンマーで打って柲穴を打ち抜いていく。

真っ赤に熱を放射する鉄の塊にエバリが食い込んでいく。薄い鋼のエバリはすぐに熱を吸い、一瞬の遅れで地金に接着してしまう。接着すると抜けなくなる。素早く打ち込んで、赤まる直前に抜き、エバリを取り替えながら打ち抜いていく。

少し温度を下げてから、エバリを打ち込んだまま、縦横から打って柲穴を変形させずに斧の形に打ちのばしていく。熟練鍛冶の真骨頂《しんこっちょう》。腕のふるいどころだ。

ハシ（火挟み）を握る入野さんの手が、精密機械のように九〇度ずつ回転する。火挟みを滑らせ、素早く持ち変えて縦横と打つ。

足はペダルを踏み、ベルトハンマーの強弱、早さを操作する。その全身の動作が踊るようで、寸分の無駄がない。身体が機械に同化している。いや、機械や道具が入野さんの身体の一部になっている。

エバリを抜き、赤め直した材料を斧の刃先を上に向けて構え、タガネを当てて真ん中から割る。タガネが傾いていたり、ハンマーの芯をはずすと、弾《はじ》き飛ばされるが名人にはいらぬ世話、タガネは真っすぐに食い込んでいく。

打ち抜いた柲の形が崩れないように、頭側を水で冷して硬くしてある。赤めて柔らかい刃先だけがタガネで切られ、二つに割れていく。

刃先の割り込みに接合剤を盛り、鋼を挟む。鋼は刃の幅に合わせて打ってあり、ぴったり接合するように先を薄く潰《つぶ》してある。

鋼は安来《やすき》の白紙二号。白紙はいちばん玉鋼《たまはがね》に近い鋼で、ほかの鋼材に比べて値は安いが、熱処理、とくに焼き入れが難しい。

ちなみに、青紙はタングステンとクロームが入った特殊鋼。値は高いが火造り熱処理の幅があるので失敗が少ない。しかし、研ぎが難しいといわれる。

安い白紙を自由自在に扱い、その良さを出せるのが職人の腕だ。

炉の内で鋼が熱を吸い、接合剤が蟹の泡のように沸騰している。微妙な温度の差は鍛冶の勘でしか計れない。勘は経験に裏打ちされた立派な科学的データだ。

しかも、炉や材料の温度や接合剤の沸き具合、季節や天候による外気温や湿度まで細かく情報がインプットされている。

入野さんの眉が動く。材料が素早く引き出され、ハンマーが打ち降ろされる。上から軽く打って鋼を入れ、横にして一気に接合し、刃を打ち出していく。

激しい火花が飛び散る。表面から酸化鉄や不純物のカナクソが剝《は》がれ落ちる。斧一本鍛《きた》えるうちに除かれるカナクソは二百匁《もんめ》。鉄が瘦せる分量も鍛冶の頭に入っている。斧の形が打ち上がっていく。驚嘆《きょうたん》させる熟練鍛冶の技だ。人間も鍛え上げれば、ここまで技を高められる。

入野さんは鋸《のこ》の目立て職人の家に生まれた。昭和二十一年に土佐鍛冶の前田行則氏に弟子入りしたが、三年ほどで独立、二十一歳にして自分の鍛冶場を興《おこ》し、主に斧や鉈《なた》などの厚物を手がけた。

最初は試行錯誤のやっつけ仕事、人前に出して恥ずかしくない斧を作るのに、七、八年かかった。負けん気の強い土佐っぽの気質が苦労を支えた。

「いまもその繰り返し。一つ作ればそれよりいいものを作りたくなる。満足することはないき。職人仕事は何でも一生が修業じゃき」

職人の因果を他人事のように笑い飛ばす。そこには叩き上げの鍛冶の意地と自信が覗く。

入野さんは現在、打刃物の産地、土佐山田にあって手打ちで鍛造、銘が切れる数少ない鍛冶として高く評価されている。入野さんが打った切斧は乞《こ》われて竹中大工道具

鋼《はがね》づけ
斧の頭に鉄道のレール材（鋼）を接合する。
刃側をタガネで割る。
★ツメを切り込んでのせると、ずれない。
地金を赤め接合剤を盛って鋼を入れる。
★変形しないように冷やしておく。
鍛接し、刃を打ちのばしていく。
焼き入れ
頭と刃を別々に、二度焼き入れし、鈍しも同時に行なう。

館にも収蔵されている。

だが、鍛冶にとって道具は、過去の遺物ではない。仕事師に使われてこそ道具に命が宿り、その真価が発揮される。土佐山田の斧鍛冶は、いまでは入野さんを含めて二人だけになってしまったが、実戦用の切れる刃物へのこだわりと自負が、この老鍛冶を老いさせない。

土佐の打刃物は、物部川流域に根付き、発展してきた。南国土佐は黒潮洗う海に接する一方で、その豊かな雨量と温暖な気候が育む大森林国でもある。とくに後背部の徳島、愛媛と県境を接する四国山脈一帯は杉の美林地帯。その四国山脈の奥に源を発し、高知市の東で土佐湾に注ぐ物部川は、藩政時代から木材流送の天与《てんよ》の運搬路だった。

伐《き》り出された原木は筏《いかだ》に組まれて急流を流れ下り、集散地ではイカダ師や日傭《ひよう》人夫たちの木遣《きやり》唄や怒号《どごう》、喚声で賑わった。

物部川の流域には、山林労働者たちの需要にこたえるように鍛冶が根を降ろし、次第に久礼田、新改の鎌《かま》、秦泉寺の斧、片地の鋸《のこ》といったように、地域によって単一の刃物を生産し、産地化されていった。

また、物部川と国分川流域の肥沃《ひよく》な土地は、高知県最大の農業地帯として発展する一方で、土地を持たない農家の子弟たちが鍛冶の徒弟《とてい》に入った。土佐鍛冶の裾野が広がり、そこから多くの名人が産まれた。

しかし、全国に名を喧伝《けんでん》された土佐打刃物は、昭和三十年以降になって衰退していく。山林業にチェーンソーや動力機械が導入され、斧の需要が減っていった。

斧だけではない。鎌や鋸、鍬《くわ》、鋤《すき》、鉞《まさかり》、鳶《とび》などの山林、農業刃物全体が、近代化という〝魔物〟の手で、真綿《まわた》のようにジワジワと喉首《のどし》を締め上げられてきた。

これは単に一地方の刃物業界の話にとどまらない。日本全体が合理性、生産性至上主義に駆逐凌駕されていく時代でもあった。

斧や鋸に代わるチェーンソーや機械の出現は、山の乱伐《らんばつ》を急速に進め、かつては畏《い》怖《ふ》と畏敬《いけい》の対象であった自然を単なる生産物とみなすようになった。

また、斧や鋸を使っていた時代の山林労働は、過酷ではあったが、人力の限界を超えることはなかった。だが、機械化によって肉体的な負担を課し、新たな職業病を生んだ。そこでは山の仕事師たちの熟練した技術も切り捨てられていった。

山だけでなく、田畑からも人影が消え、農業機械だけが目立つようになった。細やかな手仕事の労働が生み出してきたさまざまな道具が見捨てられ、それを作ってきた鍛冶が衰退していく。

一連の鍛造作業が終了した後、グラインダーで形を整える。

しかし、鍛冶の技はなくならない。いくら機械化されても、人間社会で刃物がなくても成り立つ仕事は一つとしてない。また、有史以来、触覚によって物の成り立ちを学び、思考を高めてきた人間の本能が失われない限り、手仕事の道具はなくならない。刃物はそうした全ての道具を作るための原初的な道具でもある。鍛冶の技は、どっこい、したたかに生き継いでいく。

入野さんの斧の火造りが終わっている。斧の側面にタガネで縦に三筋の溝が刻まれている。

これは木のヤニ抜きともいわれるが、三本の細い人霊《ひとだま》に似た筋は山の字をかたどったものといわれ、山神木霊《やまがみこだま》への祈りの呪文で、これのないものは仕事にさわりがあるといって忌《い》む風習がある。

また、斧によって斧の表《おもて》(斧の刃を右側に向けた状態)と裏に、三本、四本の筋を刻まれているものがあるが、三本の方を「ミキ」、四本の方を「ヨキ」といい、ミキは「神酒」、ヨキは「地水火風」をあらわし、酒と五穀を供物として奉じる意味があるといわれる。

土佐ではこれを「流し目」とか「七ツ目」と呼び、七ツ目は溝の本数からきていると思われるが、入野さんの斧は表裏とも三本ずつの溝が入れられている。それに代わって斧の表に、土佐別誂「忠光」の銘が見事なタガネ使いで彫り込まれた。

「銘は焼き入れ前に切る。焼き入れしたあとの黒い肌に切ったら銘が分かりにくいからニセ物だと疑われるき、かなわんぜよ」

汗と煤《すす》で汚れた顔に、いたずらっぽいこどものような笑みが浮かぶ。

斧は、このあとグラインダーで形を矯正し、頭と刃を二度に分けて焼き入れ、鈍《なま》しをかけ、砥石で刃を研ぎ上げて完成する。

入野さんの斧は美しい。重さ、バランスがよく、刃先はヒゲが剃れるほど研ぎ込まれているが、不思議と恐怖感はない。そこには道具としての斧の完成した美しさと、それを打った鍛冶の人柄が滲み出ている。

15

剣銃

影浦賢（高知県檮原町）

土佐、檮原《ゆすはら》町は高知、愛媛が県境を接する山深い僻遠の地にある。

黒潮洗う南国土佐の海は、土佐っぽの荒い気性を映してうねり、岩礁に喧嘩を売っているが、踵《きびす》を返して山界に分け入れば、眠るがごとく沈思黙考の境地に遊ぶ幽遠な山懐《やまふところ》に導かれる。その落差はまことに大きく、自然風土に秘められた相反する二面性を垣間見るようだ。

四方を山に囲まれた寒村である檮原は、かつて北の伊予と南の須崎との交通の要衝の地で、楮《こうぞ》、三椏《みつまた》、木炭などの集散地として賑わった。

古くは、馬の鞍《くら》に荷を積んだ一荷馬《いっかうま》が、ジャンジャンと鈴を鳴らして往還して賑わい、日本の夜明けに夢を燃やした坂本龍馬や吉村虎太郎らもこの地を通った。

檮原は僕にとって懐かしい土地だ。いや、檮原を訪ねるのはこのときが初めてである。地縁、血縁があるわけではない。

だが、日本人の起源ともいうべき山の暮らしが、遠い記憶の原風景と重なりあって、強い郷愁を呼び起こす。

ときに人間に犠牲と忍従《にんじゅう》を強いる自然と折り合いをつけながら、過酷な労働や暮らしを恨まない山棲みの人たちの生き様に強い憧憬を覚える。そうした慎《つつ》しみの深さと、したたかな強さは、人間中心に自然を作り変えた都市環境で暮らす現代人が忘れ去ったものだ。

そしてもう一つ、檮原には影浦富吉さんという野鍛冶がいる。

影浦さんは明治四十五年生まれの八十四歳。十三歳から鍛冶を天職としてきた人で、カルスト地形の複雑な地質風土に開墾の鍬《くわ》を打って生きる人たちの道具を作り続けてきた叩き上げの鍛冶だ。

檮原周辺の山地は、場所によってオニガラ石や蛇紋岩、石灰岩、ナメラや赤石などが土に混じり、さらに粘土質の土や砂利地がある。平坦地や傾斜地があり、地層が浅い所と深い所がある。

それらの用途に応じた道具は、鍬一つとっても百数十種に及び、その上に使い手の体力、背丈、右ききか左ききかといった癖に合わせると、人の数だけ道具が違ってくる。名利に溺れず、ひたすら使い手の要求に応える実戦用の農具や刃物を、熟練した技で鍛《きた》え上げてきた一途な野鍛冶の姿が、長く心に焼きついて離れることがなかった。

そして、いつか檮原に影浦さんを訪ねたいと願い、見知らぬ檮原という土地が、一層近しい存在として心の内に育《はぐく》まれてきた。

鍛冶、「影浦工房」は、檮原の市街地の真っ只中にあった。

表道路に面した店のガラスケースには鍬や鎌、斧《おの》、鉈《なた》、包丁、鳶口《とびくち》やガンタなどの農具や山仕事の道具と、数十本のカスタムナイフが並べられている。洒落たナイフ・ショップの趣きがある。展示されている大部分の刃物は、富吉さんの次男、賢さんの作品。

富吉さんはすでに家業を賢さんに譲り、ご自分は隠居生活を楽しみながら、好きなときに鍛冶場に入っておられる。

影浦賢さん(五十五歳)は、「こまいときからやんちゃで、お前、鍛冶屋になれ」と、父富吉さんに言われて育ち、鍛冶歴すでに四十年になる。十五歳で土佐須崎の鍛冶屋に弟子に入り、五年の丁稚《でっち》と一年のお礼奉公の旧徒弟《とてい》制度を経験している。

「師匠は、頼まれたらよう作らんとはいわれん、という昔気質の腕のいい職人で、山仕

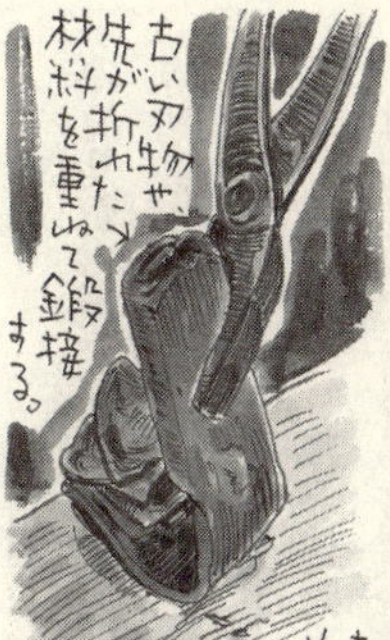
古い刃物や、先が折れた材料を重ねて鍛接する。

古い鎌を折り、別の鋼を挟んでつける。

打ち伸して厚い平板にしていく。

事の道具から大工道具、煙突の傘まで何でも作った人やき、おかげで弟子も鍛えられた」

専門鍛冶に偏《かたよ》らず、どんなものでも鍛冶の技に取り込んでしまう間口の広さ、器用さが野鍛冶の真骨頂《しんこっちょう》。土地の暮らしと密着した生業にこそ価値がある。

かつて、どこの町にも野鍛冶がいた。使い手と作り手の顔が見えた時代があった。使い手は用途や、自分の資質や癖に合った道具を選べた時代があった。だが、いまは出来合いの道具が幅をきかせ、人間が道具に合わせていかなければならない時代になった。

道具だけではない。かつては人間の生き方も、人それぞれの資質や個性に合わせて選べた。いろんな生き方、いろんな人生の形があって楽しかった。世間にもそれを受け入れる寛容《かんよう》さがあった。

しかし、現代は資質や個性を無視して、狭い社会形態や価値観の枠組みの中に無理矢理はめ込もうとする。

本来、道具も人生も、自分に合ったものを選び、それを使い込み、磨き上げていくことでいい味わいと風格が滲み出てくるものだ。野鍛冶の生業、生き様は、人間の人生の在り方をも教示《きょうじ》している。

賢さんは、無理偏にゲンコツの実践で鍛えられ、名人の父親の技を踏襲《とうしゅう》して、野鍛冶二十八代目として一枚看板を張っている。鍛冶の技だけではない。鉄や鋼の素材に対する愛着、鍛冶仕事への真摯《しんし》な取り組み方は、父親をしのぐものがある。職人の血は、炉の中のマグマよりも濃く、熱くたぎって、父から子に受け継がれている。

鍛冶場は、母屋の裏手にある。鍛冶場は東西に長く、北側の壁に窓が切られている。その窓側に重油炉と、父と子専用の二台の電動ハンマーが向き合い、奥に火床《ほど》と焼入炉が一列に並んでいる。

鉄錆を吸った土間は掃き浄められ、不思議に清澄《せいちょう》感が漂っている。一般の鍛冶場に共通した、狸穴《まみあな》のような暗さも、煤《すす》や鉄錆の匂いがなく、空気が清々しい。

鍛冶場に見馴れない機械が設置してある。「電子農畜産装置」というプレートが見える。電子を打ち込む装置で、流動電子によって磁場を高め、環境を正常に整えることができるという。

農畜産分野ではすでに実用化され、効果が証明されているといわれ、影浦さんはそれを鍛冶に応用している。

それだけではない。重油炉の真下には二トンの活性炭が、土間の隅には二〇〇キロの炭埋がされている。

「炭埋は電磁場の調整。炭埋すると地電流の流れが多くなって、電子の発生が飛躍的

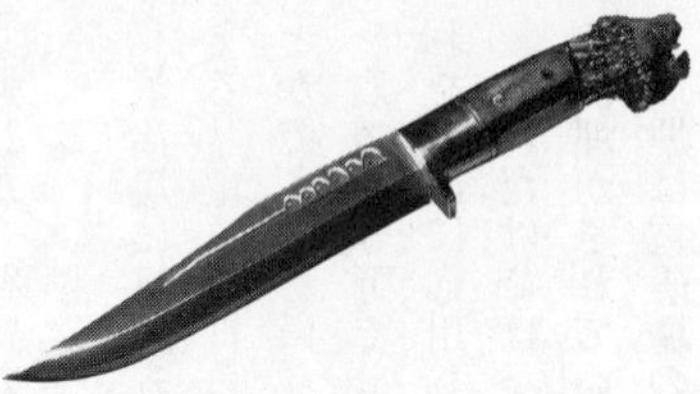

西洋ナイフ型の剣鉈。振り降したとき、切っ先三寸に力点がくる。

に高まる。炭埋した区域は地電流が五日で五倍に増え、中性の六・五にphが安定したというデータがあります」

磁力線と電気力線が直角に交わるところに電子が発生する。酸化、還元でいえば、電子が逃げたり、なくなっている状態が酸化。電子が付加されて充満している状態が還元。鍛冶屋とは、まさに酸化還元の世界だ。

火が燃えるというのは酸化を激しくしている。とくに化石炭素はもともと電子量が少なく、燃えるときは周りの電子を取ってしまう。

鉄を焼くのは酸化、鍛えることは還元、水打ちは鉄垢を飛ばすことではなく、水の電子を焼けた鉄や鋼に付加還元する。

焼き入れは酸化還元の極致だ。鋼は、炭素の電子が酸化しやすい。焼きすぎると電子が逃げて酸化し、脆《もろ》い刃物になる。

「炭埋して流動電子を流すと、金属分子の配列が正しくなって酸化を防ぐ。錆が出ないし、地金と鋼のつきがよくなる。刃物の切れ味もはっきりと違ってくる」

こうした応用科学的な知識は素人には難しく分かりにくい。だが、宇宙誕生のビッグ・バン仮説がどこまで正しいかは別にして、「時間」が生まれたときから、波動と粒子の運動が始まり、人間を含む生命や物質のさまざまな現象がもたらされてきたことは確かだ。

それを「気」と呼んでもいい。気の運動は次第に秩序のある渦《うず》を作りながら、あらゆる天体に密度の高いエネルギー場として現われる。

つまり、地球という惑星の環境そのものが、気の密度の高いエネルギー場に組み込まれ、影響されている。

この気の運動は、古くから陰陽学や風水思想に取り入れられ、気が充満している場所を「イヤシロチ」、気が逃げ、絶ち切られた場所を「ケカレチ」と呼んだりした。「イヤシロチ」は〝癒《いやし》〟に通じ、神聖な場所として神社仏閣などを置き、「ケカレチ」は〝毛枯れ地〟また〝穢《けがれ》〟として忌《い》む因習があった。まさに、電子物性応用技法で説明される酸化、還元の仕組みとぴったりと符合《ふごう》する。

重油炉に火が入れられる。炉は激しい咆哮をあげながら重油を霧状に吹き、火が上から渦を巻いて舐《ねぶ》り回す。

一回の操業で耐火レンガが溶けるほど火力が強く、材料が赤まるのが早い。材料は古い鎌や鉈の端切れや屑。ありあわせの古鉄が使われる。

父富吉さんも古鉄を大事にした。好きな釣りに行くと、川の中に捨てられた腐った鉄を拾ってきた。「鉄が腐る、赤錆が出るんは生きとるからや。これを誰かが生かしてやらにゃあ。これはその技術を持つ者が生かしてやらにゃあ」というのが、口癖だった。刃が欠けたり、折れたりした道具の修理もよくやった。

古い鎌を赤め、叩いて折り、別の材料を挟んで接合する。それを薄く伸ばして板にする。それをさらに古い鉈や破片と重ね合わす。

丸棒は赤めて平板に打ち伸し、タガネで何枚にも切って重ねて接合する。古い包丁や鉈の先やコミの部分は折って接合し、塊にしていく。それを平板に伸ばしてまた折り合わす。

古鉄の表面の錆や酸化膜を取らず、鍛錬《たんれん》していく。接合剤の量が少なく、均等にのせていない。一連の作業が素早く、無頓着に見える。だが、確実に鉄と鉄が呼び合い、塊となり、新しい材料として命を吹き込まれ、再生していく。

「接合剤を接着剤だと思うと間違う。接合剤は石鹼みたいなものだ。溶かしてつけたら、硼酸《ほうさん》と一緒に酸化膜や分子のゴミを瞬間的に散らせて外に出すのがコツだ」

伸した材料を↓
さらに古い鉈や
鍬などと重ね
て接合し、
火造りによって
新しい材料として
甦らせる。
☆地金の
表にダマスカスの
模様を打ち出す
技法を持つ。
影浦賢さん
叩き上げの鍛冶さん。(55歳)

激しい火花が飛び散る。全身に火花を浴びながら鍛冶は作業に没頭する。火と、自らが打ち出す槌《つち》のリズムが陶酔と忘我の境地に誘う。そのエクスタシーとトランス状態の中で、熟練した鍛冶の体がひとりでに動く。

「鍛冶仕事は熱中できるかどうかで決まる。ときどき鼾《いびき》のような呼吸《いき》をしながらやることがある。時間を忘れる。そういうときは、いい刃物ができる。でも結局は鍛冶屋は自分の技量以上のものはできない。たまたま間違っていいものができることはない」

素人鍛冶としては耳が痛い話だ。穴があったら入りたい心境だが、じゃあ穴を掘ってやるといわれたらもっと困る。ここは耳の勉強として心に刻み込む。

何層にも折り重ねた材料をさらに伸ばし、タガネで三つに切って重ね合わす。こうして何百回、何千回と重ねられた材料は、柔らかい地金と硬い鋼が木目のような薄い層を作る。縦と横で柾目と板目ができる。これを削り出せば波状のダマスカス模様が浮き出てくる。

さらに平板に打ち伸ばし、斜めに切って三枚に分け、ピラミッド型に重ね合わす。こうすることでいっそう複雑で面白い模様が出る。

それを平板にし、二枚に切断して地金にし、間に鋼を入れて鍛接《たんせつ》すると、ようやく両刃の刃物の素材ができ上がる。

これだけ材質の異なる鉄や鋼を重ね合わせても、磁場の関係でぴったりと接合し、傷もほとんどないという。

作業は休まず、剣鉈作りに移る。材料を炉に戻して赤め、電動ハンマーと手打ちで打つ。見事に剣鉈の形が打ち出されていく。

原型ができ上がると、刃側にグラインダーで細かく切り込みを入れ、三角に削り出す。削った部分は剝がれやすいので、接合剤をのせ、赤めて打つ。

刃先を薄く打ち出していくと、削った部分が地金と鋼の境に美しい波紋になって出る。計算しつくした鍛冶の技だ。

何度も水打ちをして作業が一段落する。このあと形を削り出し、焼き入れし、研ぎを経てダマスカスの剣鉈が完成する。日本の伝統的な鍛冶技術によって作られたダマスカス鋼は、研いでも研いでも美しい紋様が消えることがない。

刃物の肌に浮き出たその紋様は、多重的で繊細な日本の自然の情感を映して魅了する。

こうした優れた技を持つ鍛冶が、四国の山の中で健在であることが、自分のことのようにうれしい。日本の鍛冶は、死んではいないのだ。影浦賢さんが最後に言った。

「握ったときにスーッと心が落ち着く刃物が作りたい」と。

目差す先は、単純素朴な使い勝手のよさ。鍛冶屋の命題はその一点に凝縮している。

16 菜切り包丁

加藤清志（東京都）

久しぶりに東京碑文谷の師、加藤清志さん宅へ行く。師は「兼国」の銘を持つ刀匠であると同時に、包丁や鉈《なた》、鎌など生活に密着した鍛造《たんぞう》刃物も手がけ、カスタムナイフ作家の第一人者として名を知られる。

思えば四年前、加藤さんを訪ね、その優れた鍛冶の技と、決して驕《おご》ることがない温厚実直な人柄に惚れ込んで弟子入り志願をした。

弟子は持たない主義だという師に対して、なかば強迫的な押しかけ弟子。生まれ育ちの因果か、弟子の方がアクが強く、態度がでかい。それを黙認しているのは、ひとえに師匠の篤実《とくじつ》な人柄のせいである。反省しなければならない。

その後、血染めの炭割りを経て、イザリタガネや火箸などの治具作り、さらに切出しナイフや小出刃、竹割り鉈、山菜鎌などの鍛造刃物を実地で教えを乞い、ついには房総山中の我が家に自分の鍛冶場を持つことが許された。

師自ら足を運んでいただき、鞴《ふいご》の設置や火床作りを指導され、それ以後は度々の出張修業までしていただいている。畏《おそれ》多いことである。碑文谷の方角に足を向けては寝られない。

修業はいつも、新しい課題が突きつけられる。その思惑算段は師匠の頭の中にある。弟子の技量をつねに見定めつつ、ときに覚えの悪さを叱責するかのように難度の高い技術を要求してくる。

不肖の弟子は、当日になって初めて何を作るかを知らされるので、戦々兢々《きようきよう》としている。素人に毛が生えたような俄《にわか》鍛冶にとって毎回が未知の体験の上に、師匠の〝模範演技〟を傍らで見て、手順や技術を頭に叩き込み、その場で再現しなければならない。

複雑で緻密な火造りの技を必死に覚えようとするが、作業が進むにしたがって前の工程が頭から抜けていく。そして、師匠に「さぁ、やってみなさい」と、火床の前の横座を明け渡されると、頭の中が真っ白になってうろたえてしまう。

火床の火は赤々と熾《お》きている。横座が空いている。師匠の視線が刺さっている。待ったはきかない。逃げ出すわけにもいかない。全身の血が逆流する。

「エイ、クソ、煮るなり焼くなり、好きにしろやい！」と、なかばヤケクソ気味に腹をくって金槌《かなづち》を握る。

とりあえず手が動く。動かさないと事が運ばないから、仕方なく動かす。鞴を操作して火を熾こす。鋼《はがね》と地金を重ねて火床にくべて赤め、金床の上で打つ。鍛接《たんせつ》し、打ちのばす。

そうしているうちに、頭が忘れていたことを手が覚えていることがある。全部ではない。部分的、断片的ではあるが、手が勝手に仕事をしていることがある。

そのことに気づいた瞬間がたまらなくうれしい。理屈を超えて身体が反応する職人の〝習い性〟が自分にも芽吹き始めている自覚が、人知れず歓喜を呼び起こす。憧《あこが》れの鍛冶屋の末席に参加を認められたような心境といってもいい。

それは単に技術が少し上達したというだけではなく、火と鉄の融合という、ある種荘厳《そうごん》な儀式に立ち合い、手を貸す鍛冶の生業と技の神髄のようなものが朧《おぼろ》げながら覗けたような感動を伴っている。

もちろん、いまの段階でははっきりとしない。あくまで感触でしかないが、鍛冶仕事の全てに共通して貫かれている本質的な何かが、無意識の作業の過程で分かりかけているような気がする瞬間があることは確かなのだ。だが、それを理解するには、ま

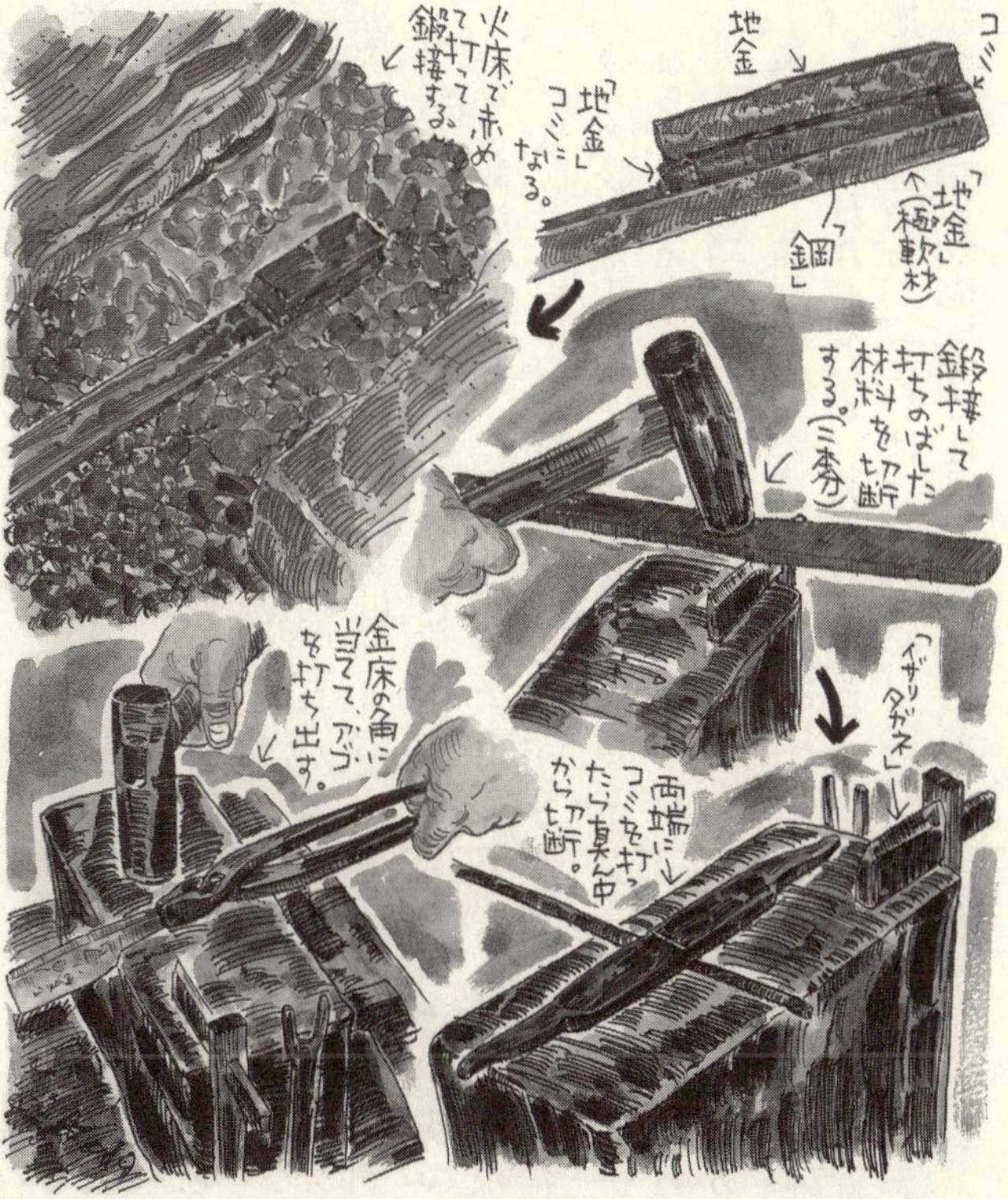

コミ
地金
「地金」(極軟鋼)
「鋼」
「地金」コミになる。
火床で赤めて打って鍛接する。
鍛接して打ちのばした材料を切断する。
「イザリタガネ」
両端にコミを打ったら真ん中から切断。
金床の角に当てて、アゴを打ち出す。

だまだ長い修業が必要だ。

師は、弟子に新たな課題を用意して待っていた。今回は、菜切り包丁を作る段取りがすでに整っている。

「いままでに作った切り出しや鉈は厚物だから、ごまかしがきく部分もあったが、菜切りは薄物だから技量がはっきり出る」

正直なところ、薄刃の刃物はまだ荷が勝ちすぎると思っていたので、予想外の展開である。師はときどき、こういう変則技を使って弟子を翻弄《ほんろう》する癖がある。

だが以前、鍛冶用の金槌を作りたいと伺《うかが》いをたてたときは、柄をすげるヒツ穴の打ち抜きの技術が未熟だからと拒絶された経緯がある。

ならば、考えようによっては今回は薄刃を打つお許しがでたと受けとれないことはない。何事も、自分に都合よく、善意に解釈する方が世の中平和である。

職人技は、結局のところ偶然性の入り込む余地は少なく、身に備わった技量の範囲でしかモノは作れないが、無謀と紙一重の自信と好奇心は上達への早道。失敗もまた進歩の過程である。ここは一つ、師匠の太鼓判とはいかなくても、三文判くらいはもらったつもりで積極的に挑戦することにする。

火床のコークスの火に松炭が入れられる。コークスだけだと火力が上がっていかないが、炭を火種にして火力をいったん上げてしまうと、炭だけの火よりコークスの方が強い火力が得られる。

送風機が鬼の息を吐く。赤い炎の舌が炭とコークスの山を舐《ねぶ》る。金床の表面をヤスリがけで磨く。金槌、火箸が並べられる。包丁の材料を用意する。極軟材の地金、鋼は安来《やすき》の白紙二号。

菜切り包丁。写真上が西型、シルエットは細み。下が東型、フグのようにふっくらした形だ。

鍛冶場全体が躍動し、次第に緊張感が高まってくる。独特の磁場と昂揚感《こうようかん》。鍛冶場には魂を陶酔させる不思議な魔力がある。

菜切り包丁には「東《あずま》型」と「西《にし》型」の二種類がある。東型は主に関東地方で使われるもので、峰から刃への差し渡し幅が西型より広く、刃先と柄側の、いわゆるアゴの角《かど》が丸くしてあり、切り刃も緩い曲線状にふくらみを持たせてある。

この形は野菜などの刻み物に向いている。刃先を立て気味にして俎《まないた》に当て、テコの原理で手元を下げると軽い力でよく切れる。餅や、皮の固いカボチャなどもよく切れる。
それに対して西型は関西系。東型より細身で、刃先は丸くしてあるが、アゴが直角に刃を立ててある。ここは野菜のへタや芯の刳貫《くりぬ》きに重宝する。切り刃は平らで、心持ち刃を前に滑らし気味に使うと切れ味がいい。

また、大根の桂むきは刃が丸い東型だと厚みが不揃いになってしまうが、西型だと刃先と元を上下にずらしながら使うと、薄く均等にむける。東西それぞれの文化、料理法の違いで包丁の形が変わってくる。

文化は、原初的なものの淘汰《とうた》と集積によって洗練されてくる。そして道具は、機能性と文化的な様式美の追求によって磨かれる。それらは、土地土地の自然風土に大きく関わりながら変遷を重ねて受け継がれていく。多岐におよぶ道具の面白さは、そういうところにある。

今回は、東型と西型の両方を作る。どちらも作る工程はほとんど同じ。地金と鋼を三枚合わせにして火造りする。

人によって地金をタガネで割り込んで真ん中に鋼を挟み込む作り方もあるが、地金と鋼の板を三枚重ねにして作ると、鋼が峰側まで入っているので、使い込んで刃が減ってペティーナイフのように細身になっても刃物の機能を誇示し続ける。一本の優れた刃物は一生物《いつしよう》。研ぎ減りして変形しながら半永久的に道具として奉仕する。

作る菜切り包丁は刃渡り五寸の小型のもの。一つの材料を打ちのばし、真ん中から切断して二本同時に作る。

台にする極軟材の地金は厚さ三分に幅が八分。その上に厚さ二分、幅八分、長さ二寸の鋼をのせる。鋼の両側に同じ厚みと幅の地金を三分に切って並べる。この地金の部分が包丁二本のコミになる。

さらに、その上に三分厚、八分幅、長さ二寸六分の地金を重ねる。

各材料は、それぞれ軽く赤め、硼酸《ほうさん》や鉄粉を混ぜた接合剤を薄く盛って三層に重ね合わせる。熱で接合剤が少し溶け、仮り止めになって材料がずれない。

火床を掘って底を平らにならし、三枚重ねにした材料を水平に置き、赤々と熾きているコークスをかぶせる。

送風を強くして火力を上げる。コークスの間から火の色を見る。青黒い鉄肌が焼かれて、煤んだ赤から次第に目を射るような黄輝色に変わっていく。素早く取り出し、金床の上にのせて打つ。まず、材料の真ん中を軽く叩き、次に両端を叩いてソラ付けする。

このとき、真ん中を叩くと両端が上に反《そ》るので、あらかじめ真ん中を少し曲げてお

く と接合の失敗がない。

ソラ付けしたらすぐに材料を火床に戻して再び赤める。一度赤めた材料はすぐに火の色を吸って輝き出す。

接合剤がジュクジュク沸いている頃合いを見て、また素早く引き出し、機械ハンマーで一気に打って完全に接合する。激しい火花が飛ぶ。その火花が鉄や鋼の酸化膜や錆を一緒に弾き飛ばし、ぴったりと鍛接する。

鍛接した材料を厚みを揃えて少し打ちのばし、コミの部分に目印の切れ目を入れてから二本分の材料を切断する。

コミは、金床の端に取り付けたイザリタガネの刃に当てて上から軽く叩き、切断は強く叩いて切り離す。イザリタガネは一人鍛冶に欠かせない道具だ。

切断した二本分の材料を火床で赤め、両側のコミを打ち出したら真ん中から二本に切断する。ここから一本ずつ火造りの作業に入る。ここまでは師匠の仕事を見よう見真似でついていけた。

休むことなく作業は続行する。一本分の材料を赤め、火箸でコミを挟んで引き出したら、峰側を下にして表面がへこんだ金型に当てて上から叩き、全体を外側へ反らす。

刃物の鍛造過程で、刃側を薄く打ちのばしていくと、必然的に峰側に反っていって

厚さを揃えて薄くのばしていく。
鋼の部分はベルトサンダーで削る。
型
型に合わせて切る。
銑でセアリ刃を削る。
（両面の地金）
「東型」の菜切り包丁。

薙刀《なぎなた》のようになってしまいやすい。そのため、事前に反りを見越して逆に反りを入れておくことで調整する。職人仕事は常に一歩先の作業が頭に入っている。

再度、火床で赤め、包丁の型に薄く打ちのばしていく。峰側の縁を叩かないようにして元の方から先の方へ薄く広げながら先へのばしていく。硬鉄の向こう槌が規則正しいリズムを刻む。

小さい材料から一気に包丁の形が出来上がっていく。全体の厚さも揃っている。ちなみに、師匠の作る菜切り包丁は、元のコミとの境の厚みが一分五厘、本体の厚みは五厘にしている。

元を厚くするのは包丁のコシと強度と同時に、複合材の板を打ち抜いて刃をつけただけの安価な包丁と区別する、手打ちのこだわりでもある。

また、この部分を厚く、山型にすることでコミが柄にきっちり入って抜けず、ここから水が入ってコミが錆びて腐るのを防ぐ役もする。

横座を替わって同じ作業をする。赤めた材料を機械ハンマーで打つ。元の方から打って広げていく。機械ハンマーを足で操作する。

だが、なかなか言うことを聞いてくれない。ハンマーの強弱、速さがギクシャクして、材料があらぬ方向へ変形していく。すっかりこちらの技量を相方に読まれている。

「一カ所だけのばさないで、仕上がりの形の小型のものを作る気持ちで段々に広げて大きくしていく！」

師匠の檄《げき》が飛ぶ。ハンマーの強さを一定にし、元の方から厚みを揃えるようにして慎重に打ちならしていく。比較的、形や厚さが均等になってきたが、刃先の方に変形してのびた分は修復できない。

「厚さが揃ったら、包丁の型を当てて余分は切断するので、そのままでいい」

師匠の許しがでる。だが、本当は、プロの鍛冶屋は材料を切ってクズにするような無駄はしない。最小限の鉄や鋼を火造りによって打ちのばして、製品を作り上げる。平板を型抜きする大量生産品とは相いれないものだ。心に深く戒めておかなければならない。

薄くのばした材料を火床で全体を赤め、そのまま放置して焼き鈍《なま》してから、木の台の上で表裏から丹念に叩く。飴のように柔らかく曲がりながら、表面のアカがボロボロとはがれ落ちる。

そのあと、もう一度平らに打って、包丁の型を当ててけがき、周りを切り落とす。変形した材料がようやく包丁の形になり、ホッと胸を撫で降ろす。

このあと、コミの部分を赤めて仕上げ、本体を温めて表裏から軽く全体を叩いて、叩き締めする。

火床で松炭を熾こし、包丁に砥粉《とのこ》を溶いた汁を塗って焼き入れする。温度は約八〇〇度。ムラのないように赤めて水に入れる。砥粉《とのこ》を塗ると水を弾《はじ》かず、水を吸って均一に焼きが入る。

焼き反りを直し、焼き戻しをしたら、台の上に固定して、切り刃の部分を銑《せん》で削る。焼きの入らない地金の部分は削れるが、焼きが入った鋼に当たると削れずに銑が滑る。ベルトサンダーで鋼の部分を削って刃を中心に立て、また銑をかけながら刃を研いで、ようやく菜切り包丁が出来上がる。

緊張感が解け、精神的、肉体的両方の疲労が吹き出してくる。しかし、かすかに全身に残る痺《しび》れが心地いい。まだまだ課題は多いが、念願の薄物の包丁を形にした満足感がある。

ふと外に目をやると、日がすっかり暮れて暗く、ドシャ降りの雨が降っている。朝から一日、薄暗い鍛冶場に籠《こも》りっきりで、外界のことはまったく頭になかった。久しぶりに師弟が同じ穴の狢《むじな》で、夢中で火遊びをした。充足した一日であった。

17 卸し金《がね》

白鷹幸伯（愛媛県松山市）

四国は愛媛県松山に、その名を知られた鍛冶の名工がいる。白鷹幸伯《ゆきのり》さん（六十一歳）。俗にいわれる〝変わり鍛冶〟。注文、誂《あつら》えがあれば包丁や鍬《くわ》など何でも作る。人の暮らしに密接した野鍛冶の生業、生き様に鍛冶の本質を求める一方で、手斧《ちような》や槍鉋《やりがんな》などの古代大工道具の復元に情熱を注ぎ、奈良・薬師寺再建に乞《こ》われて和釘を一人で鍛えた筋金入りの鍛冶。

その存在は単に業界内にとどまらず、日本の伝統建築物や鍛造刃物に関心を持つ人たちや、僕のように秘かに鍛冶を志《こころざ》す者にまで、伝説的な色彩を持って語られてきた。そこには卓越した鍛冶の技以外に、変人、奇人という風聞のおまけがついて、近づきがたい神秘性が一人歩きをしている感があった。

「鍛冶の技は当代一流だが、飾らない面白い男だから、ぜひ逢いにいったらどうか」

と勧めてくれたのは上野の岡安鋼材の社長、岡安一男さんだった。

当方、鍛冶の世界ではまだ末席にも座らせてもらえないが、変人寄人の被差別的分野ではとっくに片足を突っ込んでいる。いわば同胞。少々のことでは驚かない。二枚舌を使う人間より気楽に付き合える。ここは変人奇人の縁《えにし》だけを頼りに、はるばる瀬戸内の海を渡った。

白鷹さんは、松山市郊外の堀江湾にほど近い自宅兼鍛冶場の前で出迎えてくれた。街灯のない真っ暗な露地で、猫を抱いて佇む姿は、鍛冶の気骨を隠して、孫の帰宅を待ちわびる好々爺の風情がある。屈託のない笑顔に迎えられて緊張が解ける。己の生き方に絶対的な自信を持つ職人としての一徹さと、心根のやさしい無辜《むこ》な童のような純真さは表裏一体。そういう正直な人間を変人扱いする世の中の方が根性がねじれている。

鍛冶場に案内される。そこは入口から小屋の奥まで、機械や道具、鋼材などが乱雑に積み上げられていて足の踏み場がない。

失礼ながら廃品回収の倉庫、粗大ゴミ捨て場を彷彿とさせる。少なくとも、白鷹さんの人となりを知らずに迷い込んだら、誰もここが鍛冶の名工の作業場だとは思わないに違いない。

赤めた塊りを軽く打ちながら悪い部分を取り除いていく。
地金にのせて打っていく。
接合剤と藁灰を盛って練るように固めていく。
肥

だが、ここは紛《まぎ》れもない鍛冶三代の歴史が染みついた鍛冶場。そして今なお脈々と息づいている。狸穴のように真っ暗な室内に、火で焼けた油や煤《すす》の匂いが充満して、それが人肌のようにほのかに暖かい。裸電球の明かりの下で、さまざまな機械類が主のようにどっしりと腰を据えている。

油を吸ったスプリング・ハンマー、把手が手の握りの形に擦り減った手動式の鞴《ふいご》、耐火レンガが焼け崩れかけた火床《ほど》、火花が飛び散って土間に鉄粉の小山ができているグラインダーやベルトサンダー、壁にこれも砥粉《とのこ》が鍾乳石のように盛り上がってついている砥石、そして、使い込まれたおびただしい数の金槌《かなづち》や火《ひ》挟み、銑《せん》やヤスリなどの道具類。そのどれもが鍛冶の生業と癖を知りつくし、あるべき場所にあって威風堂々としている。

さらに、所狭しと積み上げられている鋼材もまた、一つとして無用のものがない。鍛冶が長い歳月の間に集めてきた宝物。

鉄はそれぞれに優れた特質を秘めていて、鍛冶は小さな端材も無駄には捨てられない。日本の伝統の鍛造鍛冶が、鋼材を型抜きせず、小さな材料を打ち伸ばして形を仕上げていくのは、鉄という素材に対する深い愛着があるからだ。

いまは錆《さび》の衣を纏《まと》って鉄クズに甘んじている地金や鋼の端材も、ひとたび鍛冶の手にかかれば、切れ味鋭い刃物に生まれ変わる。素材に対する慎《つつし》み深い感謝と、それを生かす火造り技術の誇りと自信。それが日本の鍛冶を支えてきた。

白鷹さんは世間体や見てくれには無頓着な人だ。職人の評価は、あらゆる粉飾《ふんしょく》を排除して作品で判断されればいいという気骨がその風貌や仕事ぶりに滲《にじ》み出ている。

だから、途方もない時間と労力を必要とする古代の大工道具の復元や、千年もつ和釘の鍛造に渾身《こんしん》の力で取り組む一方で、安価な包丁一本にも手を抜かない。頭の中は鍛冶だけ。仕事にしか気が回らない。なりふりにかまっている余裕はない。

卸し金（鋼材の再利用をするための鍛造製法）をするにあたって、白鷹氏は江戸時代の和釘を使用した。

白鷹さんは松山で、駅馬車の芯棒や車輪の輪金から、魚を突くヤスや漁具など、頼まれれば何でも作る典型的な野鍛冶の四男に生まれ、幼い頃から父親の手伝いをして育った。

兄も鍛冶職人。土佐で修業したあと、実家に戻って家業を継いだ。白鷹さんは兄を助けて鍛冶屋をしたが、戦後の高度経済成長のあおりで、逆に使い捨ての安価な道具が出回ってどんどん衰退していく鍛冶屋を嫌って逃げるように東京へ出た。

その後、刃物の老舗、日本橋・木屋に就職したが、思いがけない兄の死を期に松山に帰って家業を継ぐ決心をした。三十九歳。遅い鍛冶屋の再出発だった。

鍛冶として松山に骨を埋める強い覚悟、そして、同じように鍛冶に一生を賭《と》してきた父親や長兄に対する愛惜と、若さゆえに家業を卑下した後ろめたさ。

そうした万感の思いが、老朽化した鍛冶場をそのままにしている原因の一つではないかと勝手な憶測をしてしまうほど、白鷹さんはこの乱雑な鍛冶場に、母親の胎内にいるような親しみと安息を抱いているのが傍目《はため》にも知れ、心地よさが伝染する。


「さぁ、明日は早いよ。やってもらうことが山ほど用意してある」

白鷹さんが闊達《かったつ》に言い放ち、クソ度胸だけを頼りに門を叩いた素人鍛冶を脅す。さて明日は鬼が出るか蛇が出るか。まさか命までは取るまいと腹をくくる。

翌朝、灼熱の炎と対峙して修羅場が始まった。鍛冶場の奥の小型の火床に火が熾きている。横座は土間を掘り下げてあって、立ち火床になっている。白鷹さんがそこに立って炎を見つめている。

これから卸し金の作業が始まろうとしている。卸し金は、古釘や包丁などの端材を炉で溶かして鋼として再生する方法で、小規模ながら、古代たたら製鉄と同じ原理。高度な鍛冶の技術だ。

手動の鞴を静かに操作するたびに火床の炎が妖艶に踊る。火床の底には地面からの湿気を防ぐために素灰《すばい》が敷いてある。

さらに素灰の上に藁灰《わらばい》を敷き、その上に親指大に切った松炭が盛ってある。藁灰は二重の湿気防止と火床の保温、そして空気の遮断。

松炭は鉄を溶かす高温の火力と、溶解した鉄に新たに炭素分を吸炭させる。火力のムラを防ぐために炭化した樹皮部分は除いてある。

素灰、藁灰、木炭の深さや厚さは、卸し金の出来に大きく影響する。とくに木炭の層が広すぎると一三〇〇度の火力が均一に得られず、鉄が吸炭しない。逆に狭いと酸化して滓《かす》になってしまう。昔の鍛冶は、その微妙な加減を口伝と経験によって習得した。

かつて、文盲の職人が多かった時代には、木炭の厚みを藁灰の上に指三、四本と覚え、さらに目で火の色を見て火力を測り、耳で鉄が沸く音を聞き分けて、鋼の誕生に立ち会った。後追い《あとお》の科学的知識によらない生身の鍛冶の技や恐るべし。

古釘、純鉄、包丁の端材がそれぞれ和紙に包んで用意される。顎に白髪をたくわえた白鷹さんの顔が炎に照らされて、神々しいまでに穏やかに輝いている。

「さぁ、鞴をやってもらいますよ」

白鷹さんがこともなげに言う。心臓に毛の生えた男が一瞬たじろぐ。だが、願っても得られない経験、大胆無謀を承知で挑戦する。

狭い立ち火床に降り、白鷹さんの横に立って鞴の把手を握る。赤々と熾きた松炭の上に古釘の包みが置かれる。ゆっくりと鞴の風を送る。

炎に包まれて和紙が燃え上がる。白鷹さんの指示に従って鞴を操作する。すべての機械が停った静寂の中で、鞴が静かに長く、呼吸するように息を吐く。炎がそれに反応する。炎に古釘のオレンジ色の小さな火花が混じる。

「ほら、この音をよく聞いて。鉄が溶けて、炭素を吸うておる」

鞴を停めて耳を澄《す》ます。火床の炎の奥で、かすかにシューーッ、ジュクジュク、グッグッという音がする。シューーッというのが鉄が溶ける音、ジュクジュクというのが炭素を吸っている音だという。

「よう吸うとる」

熟練した鍛冶は、灼熱の炎の中で命を宿し、生まれ出ようとする胎児の状態が手にとるように分かる。鍛冶は異界との結界に位置する呪術師であり、産婆だ。

「卸し金」古釘や古鉄を和紙に包む。
松炭を熾こした火床の中に入れる。
★材料が溶け、松炭の炭素分を吸って底に降りていく。
溶岩のように輝く塊りを水に入れる。
塊りをグラインダーにかけて各部分の炭素量を調べる。

やがて、数十分の短い荘厳《そうごん》な出産の儀式を経て、火床の底に鋼という新しい物質が誕生する。たたら製鉄でいう鉧《けら》。その名のごとく、ここからまた、あらゆる刃物が鍛冶の手によって鍛《きた》えられ、世に送り出されていく。

一回目の卸し金を取り出し、水に冷したあと、二回目、三回目の作業が続けられる。二回目の純鉄は溶解するときの火花が少ない。三回目の包丁の端材は、鋼が混じっているためか、炎の先に細かい火花が散る。溶解、吸炭するときの音が一番大きい。冷された卸し金は、熔岩のようにゴツゴツした塊で、中に燃えきっていない炭や鉄の破片を抱いている。その塊をグラインダーにかけて炭素量を調べる。塊の部分によって飛ぶ火花の色や形が異なる。

オレンジ、赤、黄色、核に黄色に輝く色が混じるものもある。線香花火のように散る火花、柳の葉のように流れる火花があり、まったく火花が出ない部分もある。溶解点の微妙な違いで炭素量に差が出てくる。

「鉄は火に対して途中まで柔順だが、最後に鉄としての抵抗をする。それをなだめすかしながら、個性を活かしてやって形にしていくのが鍛冶の仕事じゃなかろうか」

白鷹さんの言葉が、浮かれ気分の胸に戒《いまし》めのように刺さる。

卸し金の塊を火床に入れる。重油炉の強力な火力で、たちまち火の色を吸って輝く。

それを取り出し、軽く打ちながら悪い部分を剝《は》がしていく。小さい熔岩塊がこぼれていく。電流のような細かい火花が弾ける。

割れた塊を接合剤を敷いた地金板にのせ、上からも接合剤をかけて火床に戻す。赤めたら引き出して打つ。さらに接合剤と藁灰をのせて赤めながら練《ね》るようにして固めていく。次第に純度の高い均一な鋼材が出来上がっていく。これを「沸《わ》かし」という。

鉄は生きている。釘や包丁などに使われ、役目を終えた古材が、再び火と融合することで新たな素材として再生してくる。

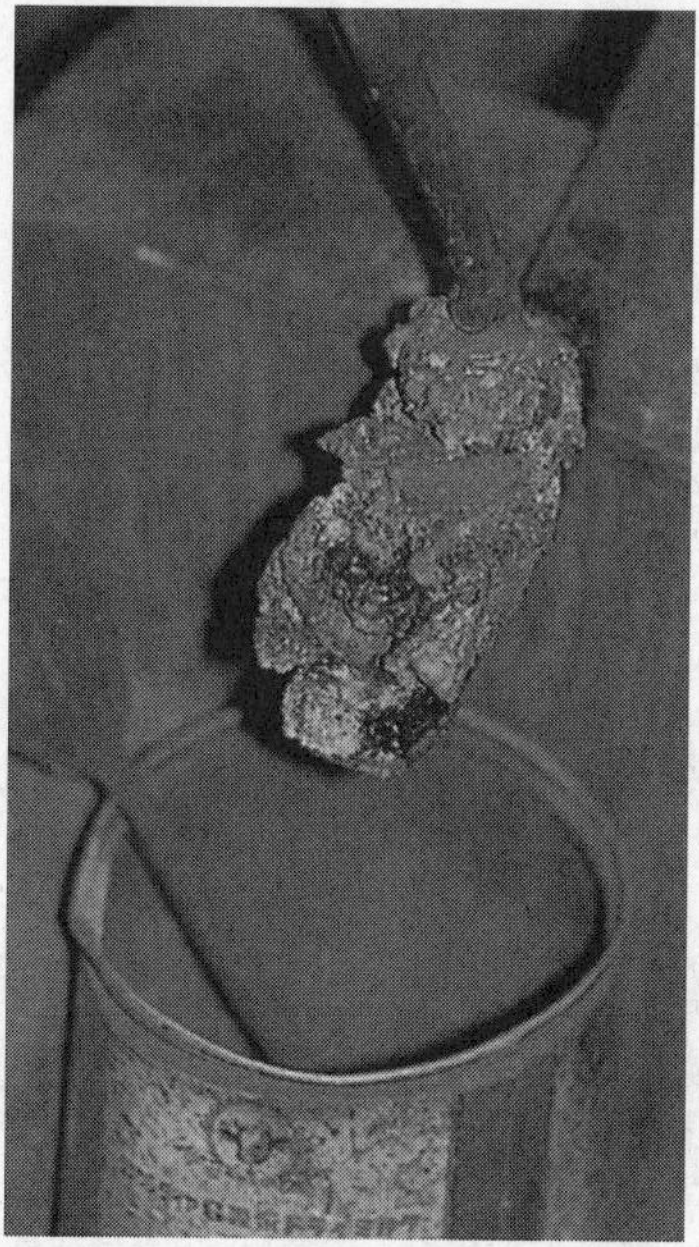

地金に塊（たたら製法でいう鉧）を乗せ、接合剤を盛り鍛造を繰り返す。

錆は鉄が生きている証でもある。錆は鉄が、「オレはまだ生きているんだぞ」という無言の主張なのだ。その声は無関心の者には届かない。優れた鍛冶だけがその声を聞き分け、命に灯を点して蘇生転生に手を貸す。日本の火造り鍛冶の鉄や道具に対する心情と技は果てしなく奥が深い。

「遠藤さんや、古釘で切り出しを作ろうやないか」

一仕事終えて、休む間もなく白鷹さんが古釘のどっさり入った木箱を抱えてくる。覗くといろんな形の釘がある。法隆寺に使われた飛鳥型から薬師寺の白鳳型、天平型、平安鎌倉型、桃山江戸型など、貴重な釘が無造作に混ざっている。

古代の建築様式や、それに使われる大工道具の研究、さらに薬師寺造営の釘を打つための参考に集めた釘だ。

「鍛造の四角い和釘というのは、何度も折り返しながら不純物を叩き出して鍛えてあるから、表面の酸化皮膜やバームクーヘン状の縞《しま》の積層が腐蝕《ふしょく》を止める役目をする。千年もつ釘の秘密がここにある。しかし、時代によって形が変わるのは、建築様式の変化以外に、だんだん大工や鍛冶屋が手抜きをしよるようになったからや」

白鷹さんは、薬師寺西塔に使われる釘を作る際に、もっとも洗練された白鳳型の釘にこだわった。白鳳型の釘は長さ二六センチ、頭部軸部が太く、がっちりと構造を支える完成された形をしている。

釘の材質も妥協しなかった。錆、腐蝕につながるイオウやマンガン、リン、シリコンなどの夾雑物《きょうざつぶつ》が少ない純度の高い鉄に、釘の強度に不可欠な適度な濃度の炭素分を含んだ素材を、冶金学の学者やＮＫＫの技術陣の協力で作り、七〇〇〇本の釘を一人で鍛え上げた。

古釘の切り出し作りにかかる。白鷹さんと交代で横座に立つ。錆びた和釘を火床に入れる。赤めたら、まず頭の部分を叩いて形を矯正し、そのあと曲がった胴を打ち直しながら釘先を平らにし、途中からタガネを入れ、接合剤をのせて折り重ねる。こうすることで、先の部分に厚みを持たせる。赤めたら引き出して、温度が下がらないうちに素早く打って接合し、幅を出すように打ちのばす。舟の櫂《かい》のような形になる。

その部分に鋼つけをする。鋼はスウェーデン鋼、硬くて切れ味鋭い。元の方を薄く打っておき、接合剤をのせて鍛接する。鋼が剝がれたり、折れるのを防ぐ工夫。鋼をつけたら裏返して打ち、立てて峰側からも打って形を打ち出していく。

最後に刃を打ち出し、銑で裏すきを削って焼き入れ、焼き鈍《なま》しをする。二本、三本と続いて作る。白鷹さんの所作を真似て同じように作るが、並べて見ると、どこか品格が違う。熟練した鍛冶と素人鍛冶の技量の差は隠しようがない。それは人間としての精神性の幅でもある。結局、もの作りは自分の力量を越えたものはできない。

切り出しを仕上げると、安堵する隙を与えず、菜切りと出刃包丁が待っていた。

機械・道具・鋼材など乱雑に置かれている鍛冶場。火床が２カ所ある。

菜切りは地金の真ん中をタガネで切り、鋼を入れて薄く打ちのばし、出刃包丁は地金と鋼を三枚合わせにして形にしていく。両刃の出刃包丁。

背中で白鷹さんの目が光り、前からスプリング・ハンマーの向こう槌がせきたてる。頭に血が上り、悪戦苦闘の時間が刻々とすぎていく。

火床の熱と熟練した鍛冶の毒気に当てられっぱなしの一日だった。帰路に、どっと疲労が吹き出してくる。全身の筋肉が痛い。だが、それは心地いい充足感を伴っている。

背中の荷には、白鷹さんが薬師寺西塔造営に鍛えた、和釘一本と、薬師寺解体で出た古釘で作った切り出し小刀が数本入っている。国宝級の、一生の宝物になった。

II

1

鞴《ふいご》

山中の我が栖《すみか》の、玄関横の軒下に小じんまりした鍛冶場が出現した。

手動式の鞴がある。火床がある。職人が座る横座は木の切り株。金床は鉄道の線路《レール》を切断した廃物利用。ヤットコは鉄棒を曲げて作った自作。焼入れ用の脇舟（水槽）はバケツである。そうした質素な道具類が雑然と、雨風を避けるように狭い軒下につめ込まれている。

お世辞にも立派とはいいがたい。正直、みすぼらしい。が、こんな陳腐な設備や道具でも鍛冶仕事はできる。己の生き様を賭したナイフを生み出すことも可能である。四十路をすぎた酔狂の鍛冶修業だが、孤高の俄《にわか》鍛冶屋の意気や軒昂である。茶の湯の野立てならぬ、鍛冶の野打ち、いや、これこそ〝野鍛冶〟の本領。自分の生き様、腹の据え方に似つかわしい。

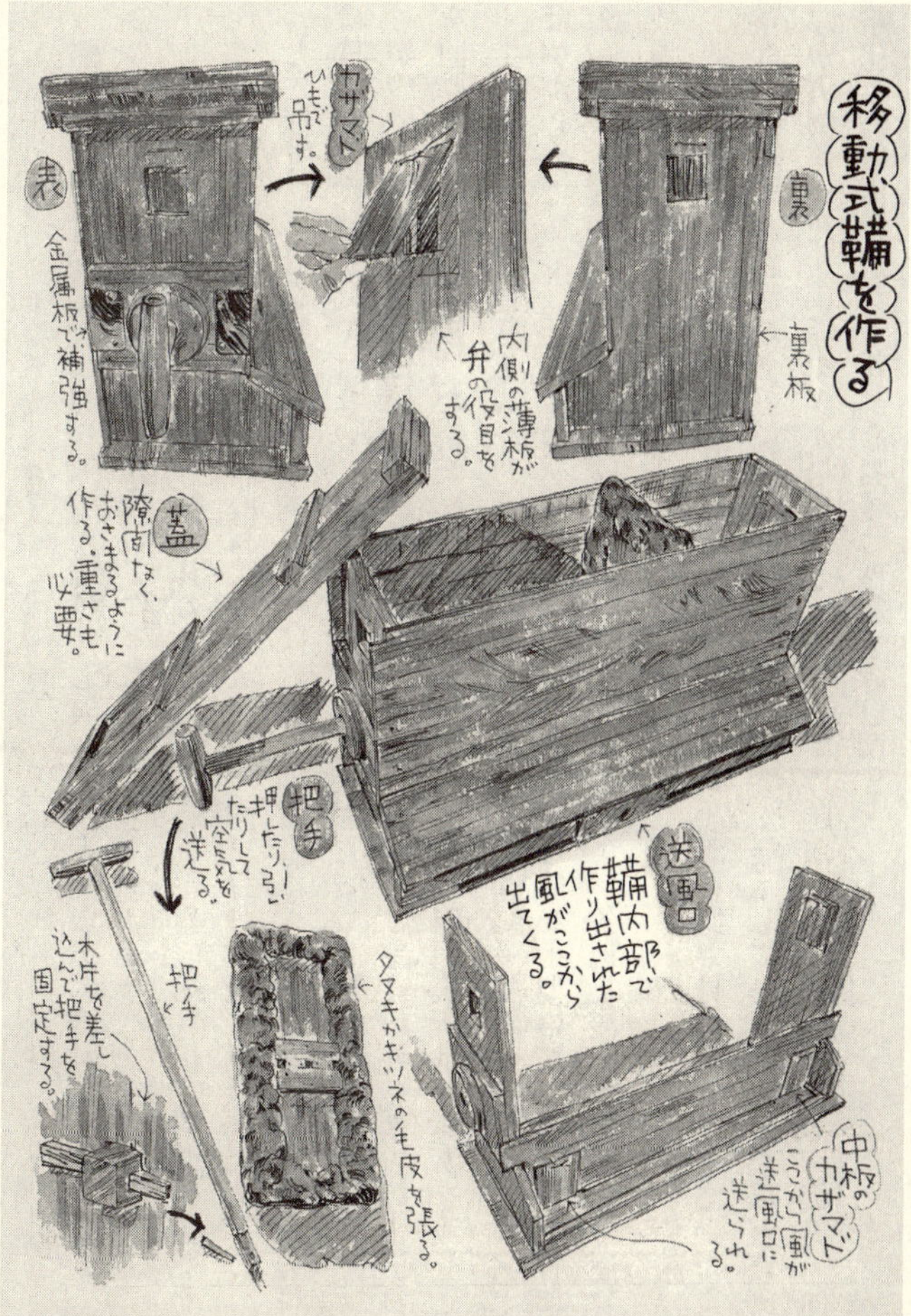
移動式鞴を作る
裏
裏板
内側の薄板が弁の役目をする。
カザマド
ひもで吊す。
表
金属板で補強する。
蓋
隙間なく、おさまるように作る。重さも必要。
把手
押したり引いたりして空気を送る。
送風口
鞴内部で作り出された風がここから出てくる。
タヌキかキツネの毛皮を張る。
把手
木片を差し込んで把手を固定する。
中板のカザマド
ここから風が送風口に送られる。

鞴は自作である。一般的な鍛冶の鞴は差し渡し三尺七寸五分、四寸高が標準だが、この鞴は二分の一のサイズに縮尺して作ってある。

一見してミニチュア・サイズの玩具のようだが、風を生み、送り出す機能は損なわれていない。少なくとも人間の心臓よりは大きい。顔を鬼のように真っ赤にし、ひょっとこ面をして息を吹き続けるよりは、はるかに効率よく火が熾きる。この小型の鞴は僕の〝新案特許〟ではない。過去に実用として使われていた時代がある。

かつて、日本に鋳《い》掛《が》け屋と呼ばれる職業があった。鋳掛け屋は市井や地方の山漁村を回りながら、底の抜けた鍋釜などの修理をする。簡単な破損箇所はハンダを流し込んで補修するが、直接火にかけるような鍋釜は鉄を赤めて鍛接した。火造りをするには炉が必要である。そのため、鋳掛け屋は持ち運びが可能な小型の鞴を考案し、背に負い、あるいは荷車や自転車に積んで歩いた。定住せず、各地を流れ歩く鋳掛け屋は、放浪の鍛冶職人であった。

その鋳掛け屋用の小型鞴を、先年越後与板町の鍛冶資料館で見た。想像していたよりも小さかった記憶がある。最初は鞴のミニチュアが展示してあると思ったほどだ。だが実物だった。手垢や煤が染みつき、火花の焼け跡があった。極限まで、簡素、簡略化した設備と道具が新鮮な驚きと感動を呼び醒す。

目からウロコが剝げ落ちた。無意識のうちにも、既存の形式や鍛冶の設備や道具にとらわれすぎていた自分を恥じた。積年の懸案である鍛冶専用の作業小屋作りが思い通りに進んでいない焦りや苛立ち。腰を据えて刃物作りに没頭できないことを、設備が整わないことへ責任転嫁してきた愚かさに気づいて羞恥する。

納屋の隅であろうが、縁側や路地であろうが、そこに小型の鞴を据えて鍛冶場にしてしまう流浪の鍛冶、鋳掛け屋のしたたかな気質と性根こそ学ぶべきではないか。

さっそく移動式の鞴作りに取りかかった。幸い、我が家に古い大型の鞴が保存してある。以前から鞴の構造や仕組みに興味があっていろいろと調べてきたが、あらためて詳細に点検、調査しなおした。

鞴は「吹子」とも書く。「鞴」に革の字が使われるのは、古くは獣の革を使ったからで、もっとも古いと思われる「天羽鞴」は、真名鹿《まなか》の皮を全剝ぎにして作ったとされる。「吹革《ふきがわ》」が転じたといわれる。革鞴は、外国ではしばしば目にすることができる。

一般に鍛冶や鋳物師など金属加工に使われる鞴は、箱鞴、あるいは風箱と呼ばれる。密閉された木箱の中で、把手のピストン運動によって圧縮された空気を火床に送り込む。

また、大がかりな精錬所のタタラや鋳物所では、「天秤鞴」というものが使われた。天秤鞴は、櫓組みの真ん中を芯棒で支えてある板を人夫が踏んで送風するもので、一人踏み、二人踏みがあった。また、人夫を「番子」といい、交代で作業することから「代わり番子」という言葉が生まれた。

金属精錬には、鉄を溶かす強い火力が必要で、火力を上げるためには人工的に風を操作することが可能な鞴が不可欠だった。鞴がない時代のタタラ製鉄は、山間の谷筋で季節風を待つしかなかった。まさに鞴という道具は、人類にとって画期的な発明だった。

鞴に関する古い伝承が各地に残っている。越後の由緒ある神社の棟上式をめぐって鍛冶と大工が、「この世でも仕事の始まりは鍛冶が先か、大工が先か」で言い争いになる。鍛冶は「カンナやノミなど、鍛冶が作った道具がなければ大工は仕事ができまい」といい、大工は「大工が鞴をこしらえなければ、鍛冶はできまい」という。その不毛な争いの最中に、天から鞴が降ってきたことで、鍛冶こそ神の託宣を得た天職とされたという。

また、ある土地の農耕起源では、天から神が降臨して粘土で男と女を作ったのち、男女が農耕を望むので、今度は天から鞴を背負った神の使いが降りてきて、クワやカマを作って与えたとされる。空から鞴が降ってくるという話は、世界に広く分布している。鞴という道具を駆使して、風や火を自在に操って鉄の道具を作り出す鍛冶屋もまた、人智を超えた呪術的な存在として畏敬された。

鞴に秘められた機能は、自分で作ってみてよく理解できた。

箱鞴の仕組みはポンプ式である。密閉された箱の中に仕切り板があり、把手と接続され、前後にスライドする。仕切り板は空気が漏れないように縁の部分に毛皮が張ってある。地方によって狸《たぬき》や狢《むじな》の毛皮、また古くは狐の毛皮が使われ、それが鍛冶の稲荷信仰の起源だともいわれる。

箱の手前と反対側の板面に小さな窓が一つずつ切ってある。これを風窓という。風窓には内側から薄板が吊してあり、弁の役目をする。

つまり、仕切り板を押すと反対側の弁が風圧で閉じ、空気が送風口に押し出されると同時に手前側の風窓の弁が開いて新たな空気を箱内に取り込む。把手を引けばその逆になる。その繰り返しによって、箱の中で圧縮された空気が途切れることなく火床に送り込まれる。

送風口のついている部分は片屋根式にせり出た形になっているが、そこもまた密閉された小部屋になっており、ここにも両端下方に風窓が切り抜かれ、薄板の弁が取り付けられている。

仕切り板を押しやると前方の風窓が閉じるが、送風口に通じる風窓の弁が逆に開き、空気が一気にそこへ送り込まれる仕組みになっている。当然、把手を引いた場合もまた、内側からの風圧で手前の風窓の弁が閉じ、送風口への弁が開く。

鞴は、血液の循環を司どり、生命を維持する人間の心臓そのものである。簡素な仕組みながら、実にうまく工夫されている。見事というほかはない。あらためて先人の知恵に驚嘆させられる。

自作の鞴は既存の大型鞴の約二分の一縮尺版。差し渡し二尺二寸、幅五寸、高さは一尺二寸である。ただし、風窓や送風口は二分の一サイズにすると狭すぎて空気の循環がスムーズにいかないので、やや大きめに作った。

弁は軽い薄板。なければいろいろ代用はできそうだが、火床の火が逆流することがあるので、燃えやすいものは使えない。また、仕切り板の縁に張る動物の毛皮は手に入らず、化学繊維の紛い物の安価な敷き物を破って作った。ようは空気が洩れなければいい。

箱の材料は市販のラワン材。鞴の背板は、二ミリ厚の薄い一枚板で、内部の空気で膨張、収縮する。人間の心臓と同じ機能をする。

野外で作業する場合の設置場所を選ぶ。多少の雨は避けられるように、玄関横の軒下に決める。ここは家の北側の影になり、日中に陽が差すことがない。

鍛冶の火の温度は色の変化で見る。そのために鍛冶場はつねに暗くしてある。かつては日中は仕事をしない職人もいたといわれるほどである。パイプは廃物の水道管を利用した。パイプは土中に埋め、火床に直結させる。鞴を設置し、送風口にパイプを接続する。

火床は土を掘ってレンガを埋めて囲い、その上に鉄板に細い穴を打ち抜いたスノコをのせ、耐火レンガでコの字型に囲ってある。土中にレンガを埋めたのは湿気を防ぐためと、効率よく風が吹き上げるようにするためでもある。

鞴の前の横座に座る。少々狭く、窮屈だが、軒を借りての俄鍛冶。贅沢はいっていられない。精神《こころ》は渡り鋳掛け職人を鑑《かがみ》とする。据えられたばかりの鞴と火床が職人によって魂を入れられるのを待っている。厳粛な気分になる。

火床に砕いた炭とコークスを入れる。新聞紙を捩《ねじ》って火をつける。左手で鞴の把手を握る。静かに押し、また手前に引き戻す。風窓の弁がパタンパタンと軽やかな音で拍子をとる。

火床の奥でゴーと風が唸る。炎が立つ。新聞紙が炎に包まれて身をよじり、黒い灰に変っていく頃、炭とコークスの山の芯に小さな火種が生まれ、ジワジワと周囲に浸食していく。くすんだ煙が踊り、炭とコークス特有の臭気が鼻をつく。鞴の手を早める。弁がパタパタパタとせわしなく音をたて、薄い横板が膨脹し、伸縮する。木製の心臓から送り込まれた激しい息遣いが、火床の火を赤々と熾こす。

ゆっくり、大きく呼吸させる。炎が雄然と燃え立つ。小刻みに息を吐かせる。小さな炎が鼓動する。いまや、火は確実に手の内にある。自在に火を操る鍛冶職人の喜びを共有していることを実感する。これは手動式の鞴でなければ味わえない感覚かもしれない。

地金と鋼を火床の火にくべる。以前、金鋏鍛冶の矢矧さんに実地指導を受けた鍛接のお浚《さら》いをする。細やかな火の温度や鞴の操作、地金と鋼を接合するタイミング、槌の打ち方などに気を配り、叱咤激励してくれる師はいない。甘え、依頼心は払拭しなければならない。孤独で凛然とした作業。

赤く染まった地金をヤットコで引き出し、金床の上で打ち伸ばす。ここまでは何とかやり遂げる。鍛接の工程に入る。極限まで火床の火の温度を上げる。火の赤にかぶった黒い影が抜けて鮮やかな輝きが増す。素早く引き出し、接合剤を盛り、鋼をのせて再び火に戻す。コークスをかき寄せてさらに温度を上げる。

接合剤がジクジクと沸いている。引き出して打つ。だが鋼がついてくれない。何度やり直しても無残に鋼が剝がれてしまう。矢矧さんの教えを反芻しながら再挑戦するが徒労に帰す。茫然自失の態。いままで何を見、何を学んで来たのか。頭が錯乱している。思いあまって矢矧さんに電話をする。

「温度だ。温度しかない。赤が抜けて黄に変わるまで火の温度を上げなさい。一〇〇〇度以下ではつかない」

師の叱責が懐かしくたのもしい。だが、小型鞴の限界か、どうしても火力が上がらない。送風口のパイプを太いものに取り替え、直接風が火床に行くように口の先端を上向きに曲げる。これで送風力が倍加した。

さらに火床の上を鉄板で覆うことで火力がグンと上昇した。どうしても赤味が抜けなかった火が輝黄赤色に変わり、さらに黄色へ移行する。引き出して打つ。地金が飴のように柔らかく、打つと鋼が溶けるように一体化していく。歓喜し、山に吠えた。

結局、丸一日費して両刃のナイフを一本鍛え上げた。普通、両刃の場合は地金を割り込んで鋼を挟むが、素人には難しいので、地金板を両端から挟むように接合した。

だが、今回二分の一縮尺の鞴を使ってみて、それで作れる刃物の限界が見えた気がした。つまり、鞴が小さいと必然的に送風力も小さくなる。その送風力に合わせて、火を熾こす火床も小さくなければならない。火床が小さければ、小さい刃物しか作れない。将来、包丁や鉈などの大物に挑戦するには、大型の鞴が必要になる。その日がいつ来るか。しかし、自分専用の鍛冶場を持ちたいという積年の夢が、ここから確実に一歩前に踏み出した。

2

火床《ほど》

一九九二年十月二十九日。その日は僕にとって、生涯の記念すべき日になった。念願の鍛冶小屋が完成し、積年の夢だった本格的な鞴《ふいご》と火床が持てたのだ。本当に夢のような出来事だが、ホッペタをつねると痛い。身体の芯の方から熱い血潮が湧き、喜びがこみ上げてくる。腰が浮いている感じ。つい、ニタニタと顔相を崩してしまう。鍛冶屋は僕の憧れの職業だ。少年《ガキ》の時分から鍛冶という仕事に、秘かな憧憬と羨望を抱き続けてきた。

生まれ育った故郷《くに》が、越後金物の町三条。生家が鍛冶屋まがいの曲尺作りの町工場だったせいもある。額に汗し、身体をいじめて物作りに没頭する親父の、職人の血が僕自身の内にも流れている。

火を自在に操り、硬い鉄や鋼を飴のように扱って、切れ味鋭い刃物を作り出す鍛冶

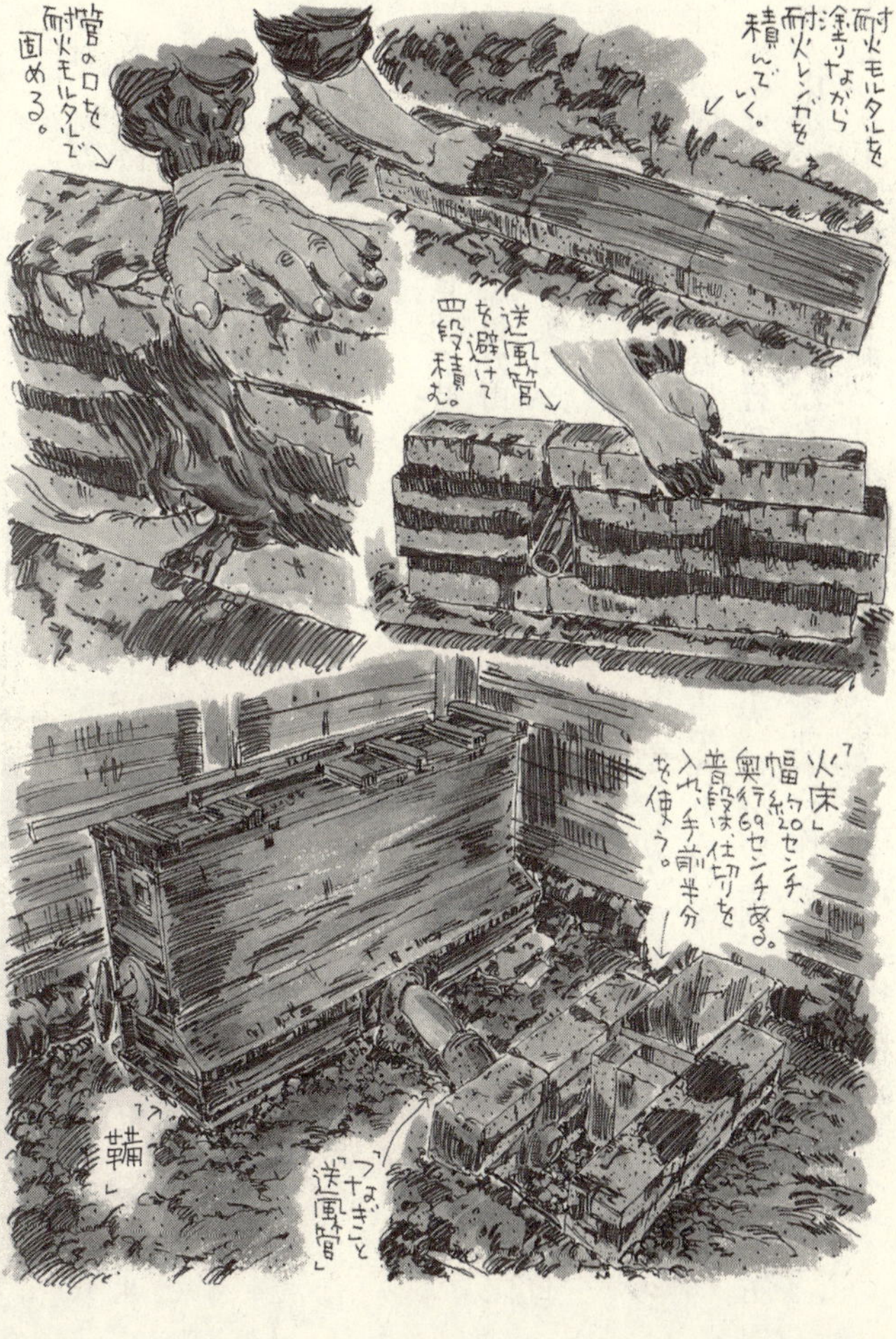
耐火モルタルを塗りながら耐火レンガを積んでいく。

管の口を耐火モルタルで固める。

送風管を避けて四段積む。

「火床」幅約20センチ、奥行69センチある。普段は、仕切りを入れ、手前半分を使う。

「つなぎ」と「送風管」

「鞴」

屋は、純《うぶ》な少年の好奇心を翻弄した。

頑固一徹、偏屈さを金看板にして、叩き上げの鍛冶の技を披瀝してみせる職人の生き様が眩しくすらあった。鍛冶屋ボロ、鼻黒鼬《はなぐろいたち》という蔑称を、己の尊厳に取り込んでしまう鍛冶屋の気骨に思慕の情さえ覚える。

男の値打ちは男にしか分からない。これは男と女の間の皮膚感覚とは異質なものだ。俗っぽくいえば、骨の髄を疼かせるハードボイルドな男の情念に根差す世界だ。

その日、僕は、早朝五時に布団を抜け出して小屋の外へ出た。

山の朝は遅い。周辺の山は木々の色を飲み込み、黒い塊となって視界を塞いでいる。空は昨日の夕焼けを裏切って、ぶ厚く重い雲に覆われている。北から吹く風が雨の匂いを含んでいる。

庭の隅の大杉の下に、薄ぼんやりと小屋の輪郭が浮かんでいる。真新しい檜葉《ひば》板の外壁が闇に明るい。小屋はこの数日、突貫工事で作りかけている鍛冶小屋だ。

小屋は間口が三間、奥行が一間半ある。左手三坪分が土間で、鍛冶場。右の一・五坪が床を張り、工作室になる。小屋はこれまで独力で作ってきた。

車が入れない山中の栖《すみか》。建材すべてを人力で担ぎ上げなければならなかった。

鍛冶場の巡りに回す基礎は、裏山の沢から大石を一個一個運んできた。形を選び、モルタルで隙間を埋めながら積み上げる作業に丸三日かかった。柱や桁《けた》、梁などの加工はドシャ降りの雨の中で、ブルーシートを張ってやった。約一週間の突貫工事。しかし、まだ壁板を打ち終えていない。窓も扉も入っていない。昨日は屋根を乗せ、壁板の作業にかかった途中で日が暮れてしまった。

今日は、火床を作る予定になっている。僕のような素人鍛冶のために、刀匠であり、カスタムナイフ・メーカーでもある加藤清志さんが火床作りに足を運んでくださることになっている。

加藤さんには、これまでにも鍛冶についていろいろと教えを受けている。ご当人は弟子を取らない主義だというが、こちらは勝手に押しかけ弟子を標榜している。

今回もまた、不肖の弟子が気がかりで、房総の山中まではるばる駆けつけていただいた、と勝手な一人合点をしている。光栄であると同時に、恐縮の極みである。その礼に報いるためにも、少しでも小屋を完成に近づけておかなければならない。

工具を運び出し、作業にかかる。空はいくらか明るくなってはきたが、まだ闇の方が濃い。鋸で板を切り、木片を当てがって釘を打つ。山の静寂に人工的な音が反響する。朝一番の烏《からす》が杉の木のてっぺんに止って啼く。白々と夜が明けてくる。鍛冶場が何とか雨風を避けられるところまでやっつける。幾分の肩の荷を降ろす。

加藤清志さん一行は雨を連れてやってきた。山道を登って我が家にたどり着くころに、折悪しく冷たい雨が落ちてきた。背中の荷物も降ろさず、急ごしらえの鍛冶小屋に直行する。

「ここまでできているとは正直思わなかった」

温和な笑顔でつぶやく。心根のやさしい人だ。真摯な職人は自分に厳しく、他人にやさしい。

いよいよ火床作りに取りかかる。加藤さんは剣道着と柔道着を利用したという真新しい白装束に着替えて、こちらの浮かれ気分に無言の叱責を下す。火床作りに必要な備品や道具を点検する。事前に、揃えておくように指示を受けていたものだ。耐火レンガ、耐火モルタル、松炭、鞴の羽口（送風口）から火床に風を送るための送風管、そして羽口と送風管を接続するためのつなぎ等々。

つなぎは、腐りに強い松材を管の口径に合わせて中をくり抜いて筒状にし、両端を鞴の羽口にきっちりはまるように紡錘形に削っておくように命じられてあった。

つなぎに管を差し込み、鞴の羽口にねじ込むと、わずかな風漏れも防げる。管の取

地面を踏み固めたのち、平行になるよう、隙間ができないように注意しながら、耐火レンガを積んでいく。

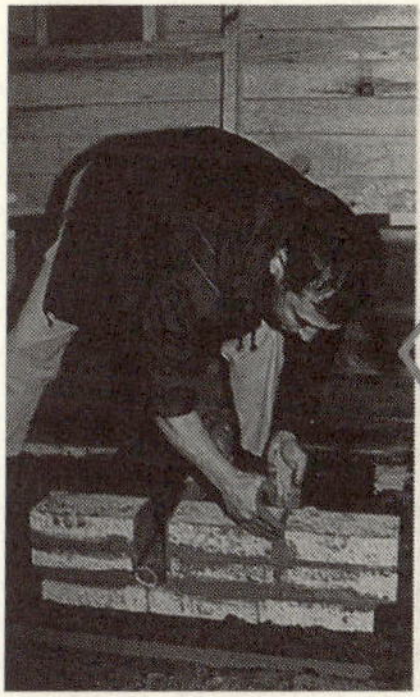

耐火モルタルを緩めに練り、つけたら乾かないうちに素早く積んでいく。

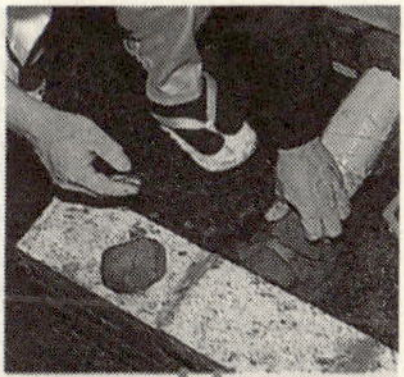

掘った土はなんと荒木田。良く練って隙間のないように埋める。

全体では大体こういうバランスになる。後は羽口の処理をする。

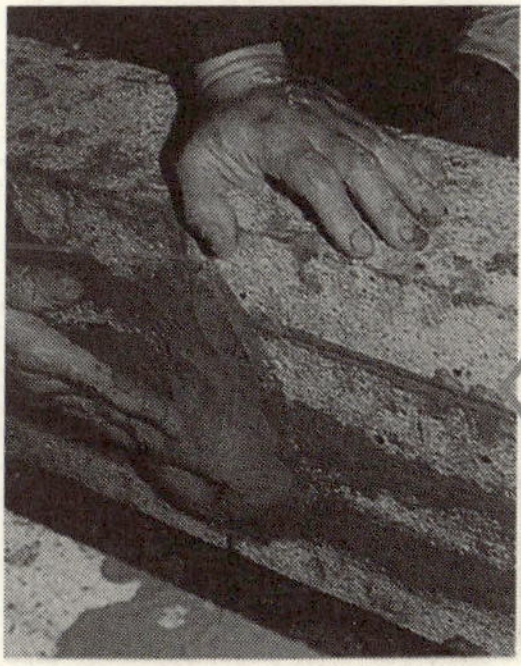

羽口は固めに練った耐火モルタルで包むようにつける。口の大きさで風向きや量が決まる。

り替えも楽だ。実は、管の口径五センチの穴を抜くドリルの刃がなく、ノミで仕掛ったために、つなぎを作るのに半日かかった。

耐火レンガは、一三〇〇度の高温に耐えられる炉材用を選ぶ。通常の建築用のレンガでは高熱の火がかかるとボロボロに崩れてしまう。

一般に耐火レンガとして売られているものも、暖炉やゴミ焼却炉、カマドなどには使えるが、一〇〇〇度以上の高温にはもたない。建材屋さんで調べてもらったら、耐火レンガにも番手があって、三十五番あたりが火床用に適しているということだった。

また、レンガにはサイズの種類があり、一丁、一丁半、二丁といった符号で呼ばれる。レンガの幅（一一・五センチ）、厚み（五・七五センチ）は同じだが、長さが異なる。ちなみに一丁は二三センチ、一丁半は三四・五センチ、二丁は四六・四センチになる。火床の規模と形に応じて選ぶのがいいが、実際は入手がなかなか難しく、一丁の耐火レンガしか揃えられなかった。余分をみて三〇個購入。

耐火モルタルも炉材用。同じように一三〇〇度に耐え、火がかかるとカチカチに固まるものを選ぶ。「アサヒ・キャスターT13」というモルタルが、より強力で耐火性が優れているという。一袋三〇キロ。火床は常に補修が必要なので、残りは湿気を避けて保管しておくようにする。

ここまではほぼ希望通りのものが揃えられた。鞴は以前に、廃業した鍛冶屋さんから譲り受け、物置にしまっておいたものを出してきた。この鞴は差し渡しが三尺七寸五分ある大型の鞴だ。松炭は数日前に岩手から届いている。火床作りに必要なものは、手ぬかりなく揃えられた、かに思えた。だが、問題は送風管にあった。指示されていたものはステンレス製の管だった。しかし、鞴の羽口の口径に合わせた直径五センチの太さのものがどうしても手に入らなかった。思いあぐねた末に目をつけたのがガス管だった。

ガス管なら肉厚で火にも強い。もともと土中に敷設するものなので腐蝕にも強いはずだ。ステンレス管の代替として充分使用に耐えるだろうと思えた。が、そこが甘かった。

「ガス管は表面が亜鉛メッキされている。その亜鉛が火床の火で溶けて炭に混じる

翌日、夕べは一晩小さく火を熾こして火床を乾かしておいた。天井から、火花を吸い取るようにダストを吊す。

と地金と鋼の鍛接ができない。いろんな人が送風管にガス管を使って失敗する。どうして接合できないのか原因が分からずに悩む人が多い」

また鉄の管は熱で膨脹や収縮をするため、ハンマーで頭を一撃されたようなショックを覚える。無知であった。風漏れの原因になるともいう。鍛冶という生業の奥深さ、経験に裏打ちされた知識の重さにあらためて驚嘆させられる。結局、ガス管の表面の亜鉛メッキを火で焼き溶かして使う妥協案がとられることになった。

いよいよ火床作りに着手する。外はとうとう本降りの雨になった。扉や窓が入っていない隙間から冷たい風が吹き込んでくる。だが、雨だけは避けられる。鞴は左手の壁側に据え、鍛冶作業がしやすい配置を頭に入れて、鞴の位置を決める。鞴の位置に火床がくる。羽口に送風管を繋いで、右側約三〇センチの位置に火床がくる。左手で鞴の把手を握って操作し、右手で火床の火をいじれる位置に鍛冶が座る。そこが横座ということになる。

横座に座ったまま、火床から赤めた地金や鋼を取り出し、打ちやすい場所に金床かアンビル、焼き入れのための脇舟が配置される。一連の作業が流れるように移行していくような配置をしなければならない。

まず、鞴がくる場所を整地し、三カ所にブロックを敷いて水平を出し、その上に鞴を据える。

次に羽口に送風管を仮に繋いで火床の位置や深さを決める。送風管の角度や取り付け方が火力や、火床の機能に微妙に影響するという。管の口を下に向けすぎると、一カ所だけに風が当たって火が均一に広がらないし、上に向けすぎては風が火床の壁に当たって火がおきにくい。鞴の冷たい風が火に直接当たると火力が上がらない。

また、口を手前に向けると火は手前側に広がってくるし、奥に向ければその逆になる。このあたりのノウハウはすべて加藤さんの頭の中にある。素人が口をはさむ余地は皆無だ。傍観者に徹し、作業を喰い入るように眺める。

送風管の角度、火床の位置が決まる。火床は両側に耐火レンガ三個を縦に並べ、四段積んだ大きさになる。

内部は幅約二〇センチ、奥行が約六九センチ。いっぱいに使えば、かなりの長物を赤めることができるが、普通使う場合は、真ん中に耐火レンガの仕切りを入れ、手前側半分で充分用がたりる。

火床の位置の土を掘り、水平を計りながら耐火レンガを積んでいく。耐火モルタル

まだ完全には乾いていないので、火は送風を確かめる程度にする。本格的に火おこしするのは数日たってから。

をゆるめに練り、レンガの面に薄くつけながら積む。

レンガはすぐにモルタルを吸って表面が乾く。コテやヘラを使っている余裕はない。素手でレンガを持ち、モルタルをつけたら素早く積む。送風管が入る部分はレンガをずらして積み、最後にモルタルを埋めて塞ぐ。

その際に火床側に出た管の口をかためて練ったモルタルで包むようにつけていく。直接火が当たる管の口を保護すると同時に、微妙な風の向きや強さを調節するもっとも大切な作業だ。

管の口を大きくすれば火の勢いが強く、ゴーゴー炭がおきるが、その分、炭の減りが早い。逆に口を絞り気味にしてやると、火力がおさえられ、炭が長持ちする。

「どっちをとるかは好みの問題」

何でも威勢のある方がいいので口を大きめに要望する。経済性を二の次にするのは素人の道楽気分が抜けていない証拠でもある。

火床の底の部分を深く掘って、そこに松炭の細かい屑や粉を厚く敷く。炭の屑は鍛冶炭を割った際に出たものを集めておいた。

炭は燃えると灰になる。灰が厚く層になると地面の湿気を防ぐ。火床が新しく、地面の湿気が強い場合は、何日も炭を燃やして灰を作り、土を乾燥させる必要がある。湿気が強いと火が熾きにくい。火力も上がらない。また、火を熾したあとに水蒸気が発生し、送風管から逆流して鞴の内部にたまって破裂することがある。そのため、鍛冶は仕事を終えると、鞴の風窓を開けて水蒸気を逃がすことをする。

最後に、鞴と火床の間の送風管を土で固める。松材で作ったつなぎがねじ込んである羽口の巡りや、つなぎと管の接続部を中心に土を盛っていく。

この際に使われる土は、荒木田《あらきだ》と呼ばれる土が最良とされる。荒木田は相撲の土俵や、家や蔵などの土壁に使われた。キメが細かく、粘りがあり、乾くと固く締まる。土を固めるのにニガリを入れる必要がない。

荒木田は、あるところには無尽蔵にあるが、ないところでは入手が困難だ。それが、何と驚いたことに、我が家の敷地全体が荒木田の地層だった。第一発見者は、いわずもがなの加藤さん。いよいよもって、この家の主は無知を露呈し、面目を下げてしまった。

さっそく土練りが始まる。焼き物の土、あるいは蕎麦を練る要領で、丹念に練る。ボロボロとした荒い土がしっとりとし、粘りがでてくる。それを少しずつちぎりながら、隙間のないように埋めていく。

火床が完成した。モルタルが乾いていないが、火を入れてみる。新聞紙を燃し、炭を入れる。鞴の把手を握り、静かに引き、押す。停っていた心臓が息を吹き返し、鼓動を始める。

ゴーと、強い風が火に当たる。火は激しく燃えて踊り、たちまち炭がおきる。素晴らしい威力だ。完璧な火床が出来上った。それが、ほかならぬ自分専用の鍛冶場、火床であることが信じられない気分だ。ただただ師、加藤清志さんに感謝。足を向けては寝られない。

「オレは鍛冶屋だぞー!」

ドシャ降りの雨の中に駆け出して、山に向って叫びたい気分だ。この日、房総の山中に鍛冶屋の卵が産声をあげた。「房州、山の鍛冶」「マウンテン・ブラック・スミス」の誕生だ。しかし、無事に成長し、一人前《いちょうまえ》の鍛冶を標榜できるようになれるかは、これからの精進にかかっている。

3

治具

早朝、布団を抜け出すと、朝まだきの暗い庭に出て、まるで妾宅に通うがごとく、いそいそと鍛冶小屋へ行く。積年の夢であった鍛冶小屋が完成してからの日課だ。

「若い女の人でも隠しているんじゃないか」

と、友人たちはからかうが、

「新しいホドに入れ上げてメロメロなんだ」

こちらも負けずに切り返す。ホドは女性器を差す隠語であり、鍛冶場の火床《ほど》も火を赤々と熾こし、鉄を溶かし産み出す〝産道〟を象徴している。古く、鍛冶屋の母が産婆を兼ねていたという伝説も、そこに起因する。

また、大宇宙に属する威力である火を家の中に取り込み、暴威をふるわぬように封じ、それを自在に操って、さまざまな鉄器を作り出す鍛冶の技は、神の振る舞いとして崇《あが》められると同時に、魔界との結界を司る呪術師でもあった。

それが証拠に、地獄絵に描かれる大焦熱地獄の紅蓮《ぐれん》の炎は鍛冶場の火であり、亡者の舌や目玉を引き抜く鉄火箸《やっとこ》や槌は鍛冶の道具だ。身体を切り刻み、切り裂く鋸《ちょ》や手斧《うな》など、責め具に使われる大工道具も鍛冶屋の手によって作られる。

そして何よりも、炎に焼かれる鍛冶屋の必死の形相は赤鬼そのもので、一つ目の鬼は、火で目をやられることが多かった鍛冶仕事を暗示している。実際、鍛冶神として各地で崇《あが》められる天目一箇神《あめのまひとつのかみ》も隻眼《せきがん》である。

鍛冶は神であり、鬼でもある。そして、今生の世と魔界を自在に行き来できる存在で、その結界こそが火床である。同時に女人のホドも神秘世界との結界に他ならない。夢々、鍛冶屋を侮《あなど》ってはならない。女人を見縊《みくび》ってはいけない。軽んじると恐ろしい祟《たた》りがおよぶ。


狭い鍛冶小屋は、闇に溶けて重く沈んでいる。窓から差し込む白々とした明かりは、灰褐色の土間を映し出す力はない。

凛とした、いかにも寒々しい情景の中で、人肌のように仄暖《ほの》い空気が澱み、かすかな炭の匂いが嗅ぎ取れる。昨日の鍛冶仕事の名残りだ。

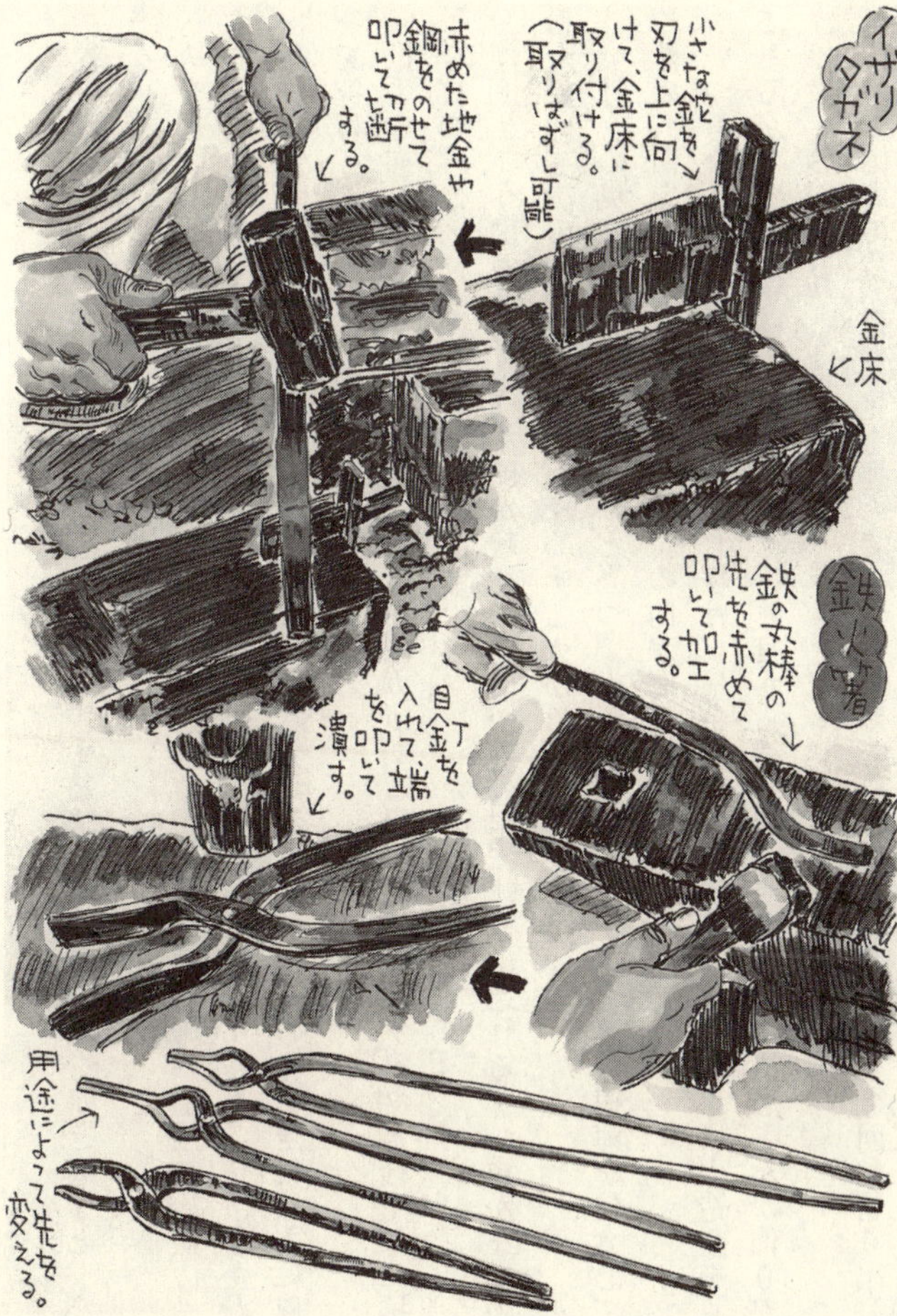
イザリタガネ
小さな鉈を刃を上に向けて、金床に取り付ける。（取りはずし可能）
赤めた地金や鋼をのせて叩いて切断する。
金床
鉄火箸
鉄の丸棒の先を赤めて叩いて加工する。
目釘を入れて端を叩いて潰す。
用途によって先を変える。

裸電球を灯し、横座に座る。火床に手をかざすと暖かい。灰の山をかき崩すと、小さな火種が再び色を強めて熾き始める。

灰をならし、火種を寄せ、新しい切り炭を入れる。炭は岩手産の鍛冶用の松炭。一寸角に鉈で切ってある。鞴《ふいご》の風窓のつっかえ棒をはずして閉じる。昨晩、仕事をたたむ際に、火床の熱や蒸気が鞴内部に逆流して爆発することがあるので、空気抜きに風窓を開けておいた。

把手を握り、静かに引き、押し返す。四カ所ある風窓の弁がパタパタと軽やかに拍子を打つ。

ゴーという鬼の息のような風が起り、羽口から火床に吐き出される。かすかな炭の粉が舞い、炭の山の底の方でバチバチと火がはぜる。

炭特有の臭気を含んだ煙が濛々と立つ。火床の火はジワジワと黒い樹海を侵食していく。

灼熱の火口を広げていく。焦熱地獄の口が開《あ》く。

いつもなら、このまま火を熾こし続け、地金や鋼を赤めて、手前勝手に火造りをしてみるが、今日は事情が違う。何せ、昨日から鍛冶の師である加藤清志さんが泊りがけで来ておられる。

房総の山中の我が栖《すみか》に足を運んでもらうだけで畏《おそれ》多いというのに、今回は切り出しナイフの鍛造を実地指導していただくことになっている。押しかけ弟子がその礼に報いるには、師が目覚め、鍛冶場にやってくる前に火を熾こして火床を温め、金床を磨き、炭切りなどをして段取りを整えておくことくらいしかない。

刃物の鍛造に入る前の段階として、昨日は一日かかって鍛冶の道具作りを学んだ。

「鍛冶は、仕事の道具で買うものは一つもない。全部自分で作る」

師の言葉は、素人鍛冶のうかれ気分に鉄槌《てっつい》を下す。俗にハシとかヤットコと呼ばれる鉄箸や火かき棒、タガネ類、銑《せん》に銑台、さらに金槌から八〇キロ余もある金床にいたるまで、鍛冶仕事に必要な道具は全て自分で作る。また、そうした技術がなければ一人前の鍛冶とはいえないという。厳しい世界だ。ここらへんが、単に複合材を削り出して作家然としているカスタムナイフ・メーカーとはレベルが違う。

事前に、自分の手に負えるものは作っておいた。鉄火箸、シャベル、銑、銑台等々。

鉄火箸は鉄の丸棒を赤めて打ちのばし、二本を合わせて穴に目釘を入れ、両端を叩き潰した。材料が軟鉄なので比較的易しかった。シャベルは廃物のドラムカンを切った鉄板で作った。

鉄の表面を削る銑は、使い古したヤスリを削り出して柄をつけた。銑台は、材料を固定して銑やヤスリがけを行なう台で、これはあり合わせの欅《けやき》の角材に鉄棒をコの字に打ち曲げ、台を跨がせ、側面からネジで固定した。

「鍛冶仕事にはイザリタガネがあると便利なんです。それを作りましょう」

師の出番である。イザリタガネは金床の上に取りつける。小さな鉈《なた》状のもので、刃を上に向けて固定しておき、赤めた地金や鋼をのせて上から金槌で叩くと簡単に切断できる。相手がいる場合は、師匠が材料にタガネを当て、先手が大槌を打って切断できるが、一人ではそれができない。その点、イザリタガネは、座ったままの姿勢で手早く作業ができる。一人仕事では実に便利な道具だ。

イザリタガネは固定式のタガネの意。死語に近い言葉が鍛冶仕事の中で生きている。そこに差別用語などという陳腐な指摘は入り込む余地はない。

師は肉厚の鋼板を火床にくべ、赤めて打ちのばす。鋼板には片方の側面にV字型の切り込みが入れてあり、そこから刃と柄に加工していく。

柄は厚さを揃えて長くのばし、刃は表裏から打って両刃に仕上げる。形ができたら焼きを入れ、刃を削り出す。掌に包めるほどの鉈だ。

鉈状のタガネは、金床の側面に打ち込んだ鉄板の、タガネの柄に合わせてあけておいた窓に柄を差し込んで固定する。

赤めた鉄をタガネの刃の上にのせて叩く。真っ赤に焼けた鉄の表面に、裏から黒い線が浮いてきて、鉛でも切るように何なく切断できる。刃の角度や、形の違うタガネを作っておくと、加工の幅が広がりそうだ。

イザリタガネが付いた金床は、まさに職人《プロ》の道具だ。何やら、一人前の職人になったような気分だ。胸が踊る。

次に火かき棒を作る。材料はあり合わせの細い鉄棒。火かき棒は、火床の火をかき、ならしたり寄せたりする道具で、柄は鉄の丸棒だが、先端の火をかく部分は平板に打ちのばして鉤型に曲げてある。

だが、師が手に持つ鉄棒はどう見ても細すぎる。平たくのばしても、幅がでそうにない。率直に疑問をぶつける。

「大丈夫なんです。鉄棒が細ければ、太くしてから潰せばいいんです」

泰然自若として、事もなげに言い放つ。だが素人にはトンと話が見えない。黙って作業を見守るしかない。

師は悠然として鉄棒を火床の火にくべ、鞴を操作する。激しく炎が立ち、鉄棒はたちまち火の色を吸収する。充分に赤めて抜き出すと、鉄棒の先で金床を突くようにして打ちつける。

鉄は飴のように柔らかく、次第に先端が潰れていく。温度が落ちたら、曲がりを直して再び火にくべる。それを繰り返すうちに、細い鉄棒の先の方が太くなってくる。程良い太さになったところで平板に打ちのばし、先端を鉤型に曲げると、ものの見事に火かき棒ができ上った。先刻の疑問がいっぺんに氷解する。同時に、鍛冶の技の奥の深さにあらためて驚嘆させられた。

これは、すごい世界に足を突っ込んでしまったんだな、と怖いもの知らずの無謀さを反省する。だが、その深淵を覗いてしまったいまとなっては、もう後にはひけない。素人鍛冶がどこまで極められるか、腹をくくってやるしかない。

早朝の鍛冶小屋で一人、火床の火を熾こし、炭を一俵切り終わる頃、朝が明けてきた。窓から、母屋の玄関を出て、こちらに歩いてくる師の姿が見える。今日は、切り出しの鍛造をみっちり叩き込んでもらう段取りになっている。

4　小出刃

七月某日、房総山中の我が鍛冶小屋に、師加藤清志刀匠を迎える。無謀にも、秘かに小出刃作りを企《たくら》む不肖の弟子を慮《おもんぱか》っての再度の出張指南。畏《おそれ》多いことだ。

敬愛してやまない古今亭志ん生が『寝床』で語っている。「だいたい稽古てえものは師匠を家に呼んでするもんじゃない。自分が行って、辛い思いをして稽古をするから稽古になる」と。また、「人間、誉められるほど毒なものはありませんな」とも言っている。いちいち耳が痛い。ここは一つ、師の温情に感謝しつつ、修業に邁進するほかない。

「小出刃を打つには、それなりの仕度と道具がいる。きちんと作るなら細かい段取りや工程を覚えないと駄目だ」

一事が万事、無知の怖いもの知らずで、強引にやってしまおうとする弟子に、師の叱咤が飛ぶ。

今回もまた、雨を連れてやってきた師が荷をおく間もなく、鍛冶場に直行し、グルリと一瞥する。修業をなまけているのを見透かされているようで身が縮む。

さっそく荷を解く。師匠用の鍛冶槌が二本。一本は手元側に角度をつけてある打ちのばし用の金槌。もう一本はカラカミヅチ。槌の先端部が横に平べったくなっていて、面が幾分丸くなっている。出刃の裏出しをするのに、なくてはならない道具だ。ちなみに、裏出しとは、片刃の出刃包丁や鉈などの裏面（鋼側）を幾分剝《す》き取ってあるへこみ部分のこと。裏出しがしてある片刃の刃物は、食い込むように滑らかに刃が入っていく切れ味が得られると同時に研ぎが楽だという利点がある。

「刃の裏出しをするにはカラカミヅチのほかに、型にする治具が必要だが、金床をうまく使うことで応用ができる」

作業が開始される。金床を治具の代用に使えるように加工する。金床の一方の縁をグラインダーで削る。少し丸みを持たせて磨き、荒砥で擦って表面を滑らかに仕上げる。平板を当てて見る。金床の縁の緩やかな曲面の先端が裏面に当たっている。ここに赤めた出刃の裏を当て、上からカラカミヅチで打つことで、裏出しができる。四角

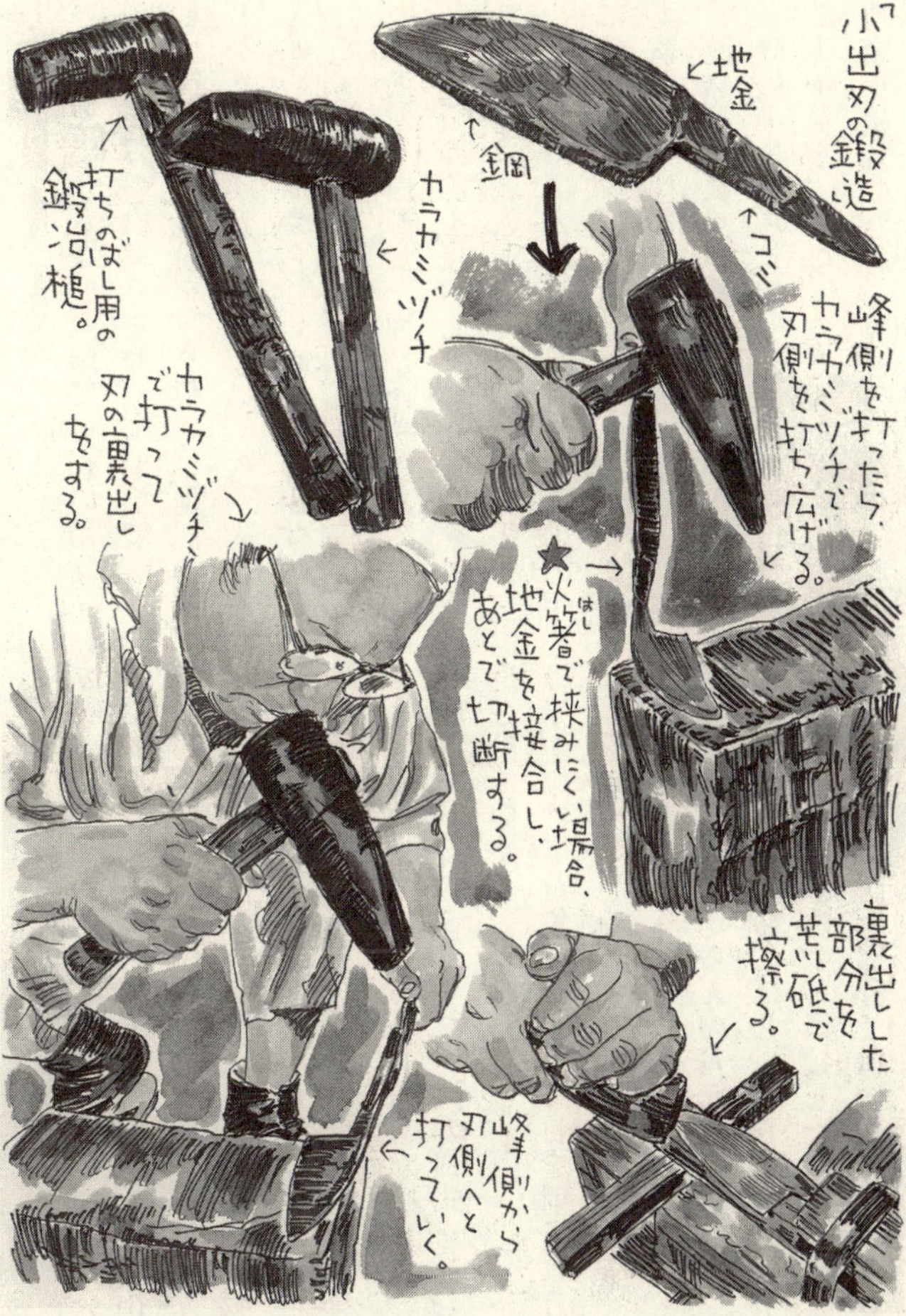
「小出刃の鍛造
地金
鋼
コミ
打ちのばし用の鍛冶槌。
カラカミヅチ
峰側を打ったら、カラカミヅチで刃側を打ち広げる。
カラカミヅチで打って刃の裏出しをする。
★火箸《はし》で挟みにくい場合、地金を接合し、あとで切断する。
裏出しした部分を荒砥で擦る。
峰側から刃側へと打っていく。

い鋼の塊でしかない金床に、別の用途、命が吹き込まれる。

ここまでの段取りを整えておいて、いよいよ火造りに入る。火床の底の灰を掘り出し、新たに炭の粉を厚く敷く。地面の湿度の影響を受けず、火の熾きがいい。火力が上がり、温度のムラがない。火が入れられ、松の切り炭が盛られる。手動の鞴が呼吸を始め、羽口から強い息を吐き出す。鞴は息を吐きながら同時に空気を吸い、また吐いて、絶え間なく火床に風を送り続ける。炭がバチバチと爆《は》ぜ、火花が飛ぶ。炭特有の臭気と、白濁した煙がたちこめる。火床の底に誕生した小さな火の命は、ジワジワと黒い炭の山を侵食していき、灼熱の火口を広げていく。こうした一連の儀式を通して、鍛冶は職人《つくりて》としての意識と緊張感を高揚させていく。

鋼を火床に入れ、風を送る。火口の中心は赤が抜け、黄色味を帯びて目を射るように輝きを増す。温度は九〇〇度を超えている。鋼が火の色を吸っていく。鋼は白紙。玉鋼に近い材質で、熱処理が難しい。素早く取り出し、金床の上で打つ。

漠然と頭に思い描いている小出刃は刃渡り三寸五分、峰から刃の差し渡しが一寸二、三分の小魚おろし用。加工前の鋼は地金の幅に合わせて打ちのばし、長さ約一寸五分に切断する。さらに一方の角を斜めに潰しておく。これは地金と鍛接した際に、鋼と地金を接合した線を見せるためで、職人はこうした細やかな部分で紛《まが》い物に対する意地を誇示する。意地は職人の誇りと、崇高な精神を映す鑑だ。職人は意地を売り渡した瞬間から、甘美《かんび》で欺瞞《ぎまん》が渦巻く、金儲け主義の底なしの奈落へ落ちていく。

鋼を軽く赤め、鉄粉に硼酸《ほうさん》などを混ぜた接合剤を盛り、地金にのせる。このとき、斜めに潰した部分が峰の元の方にくるようにすると、鋼と地金の接合線が出る。

接合剤を盛って鋼を地金にのせたら、火箸《はし》で軽く押しつけておいて火に入れる。炭をいったん広げ、材料を入れたら静かに炭をかぶせるのがコツ。過去に無造作に火に突っ込んで鋼がずれた経験がある。

鞴の風を送る。すぐに火を吸って赤まり、接合剤がジュワジュワと溶け出す。取り出して打つ。取り出す際は、鋼がずれないように真っすぐに上に持ち上げる。頭で反芻《はんすう》しなくても身体が覚えた。

「取り出したら素早く打って、色がさめたらすぐ火に戻して、こまめに打つ。ガンガン叩くだけでは鋼はうまくつかない」

師が、温厚な視線の奥に厳しさを宿して、ジッと作業を凝視している。自分では手順通りやっているつもりだが、微妙な火の色による温度の変化、出し入れのタイミングがまだ摑みきれていない。暑さの汗とは違う、緊張の冷や汗が背筋を流れる。

鋼がついたら、再び赤めながら峰側を打って、刃先にかけて曲線を描くように打ち、形を整えながら、刃先側に打ち伸ばしていく。峰の元は厚く、刃先にかけて徐々に薄くする。仕上りの形、寸法を頭においての作業。

次にコミの作業に移る。コミは柄に入る部分のこと。一般の削り出しのナイフは、コミの部分も含めてナイフの形に切断し、破片は屑として捨ててしまうが、火造りをする鍛冶は、一分《いちぶ》の材料も無駄にしない。短く切断し、打ち伸ばしてコミを作る。金床の直角の縁に材料を当て、上から叩き、細く打ち伸ばしていく。ここにも金床の用途が隠されている。鍛冶は、道具のあらゆる部分を利用して仕事をする。道具の成り立ち、特性がすべて頭に入っている。

「最初から薄く伸ばそうとしないで、金床の直角の角に当てて角型にしてから薄く伸ばす。薄くするときは、金床の縁に材料を斜めに当て、引きながら先へと伸ばしていく」

いま、弟子がどの工程、作業に行き詰まり、腐心しているか。そのつど的確な指示が飛ぶ。

熟練した腕のいい鍛冶は、火床の火加減、鞴の風の音、金槌の音など、あらゆるものから材料の状態を洞察し、つくり手の技量まで読み取ってしまう。睾丸《ふぐり》の裏までめくられているようで、身が縮む。

コミの部分が出来上がったら、いよいよ刃の裏出しの工程に入る。材料を火床に入れ、新たに切り炭を盛る。鞴が鬼の息を吐く。火が勢いよく熾きる。材料を均等に赤まったら取り出し、鋼側を上にして丸く削り出した金床の縁に当て、カラカミヅチで打つ。

この段階では、峰側を刃先にかけて丸く打った分、材料が刃側に伸びて、刃は水平に近い状態になっている。

これを、峰側から刃側に材料を広げ伸ばすようにカラカミヅチを小刻みに打ちながら刃を出していく。刃が出るにつれて刃先が峰側に立っていき、同時に浅く裏出しが出来上がっていく。

このあたりに熟練した鍛冶の隠れた技の粋が集約されているが、自分の血肉にするのに、これから先、長い修練が必要だ。

このあと、いったん材料の鈍《なま》しを行ない、荒砥で裏面を磨いてから、再びカラカミヅチで裏出しの仕上げをする。さらに、ヤスリがけをして形を矯正、整形し、焼き入れ、焼き戻し、焼きを入れて狂ったひずみを取り、刃を出し、研ぎの工程を経て、ようやく小出刃が完成する。

加藤清志作の小出刃とそれより一回り小さい遠藤ケイ作の小出刃。一本にかかる手順と労力は大変なものだ。

一本の小出刃に、途方もない時間と労力、そして複雑な工程と技が投入されていることに、あらためて驚嘆し、鍛冶という生業の奥の深さを思い知る。

目の前に師匠と弟子の小出刃が並ぶ。師の小出刃は、形の美しさ、手に持ったときのバランス、刃先の位置など、どこを取っても寸分の無駄がない。それに比べて弟子の小出刃は、やはりどこか素人っぽい。峰から刃の差し渡しが浅いのは、鋼を伸ばしきれなかったためだ。比べてみると細部に稚拙さが現われている。

鍛冶仕事は作り手の力量の差がモロに出る。偶然うまくいくということは一切ない。厳しく残酷な世界である。しかし、だからこそ面白い。妥協や馴れ合いが横行する現代にあって、人生を賭す価値がある。

5
皮むき包丁

四月某日、早朝起床。我が師、加藤清志氏の出張鍛冶指導にそなえて下準備にとりかかる。鍛冶場を掃《は》き、鞴《ふいご》の中棹《さお》に蠟《ろう》を塗って滑りをよくする。火床の底を浚《さら》い、羽口（空気孔）の中の滓を掃除する。以前、パイプの内側の亜鉛メッキが熱で溶けて詰まったことがある。

パイプが詰まると送風力が落ちる。必死に鞴を操作しても火力が上がらず、人間の息が上がってしまう。本来なら師匠の玄翁《げんのう》が飛んできても仕方がないところだ。二度、同じ過ちは許されない。鞴を吹いてみる。羽口から強い風が吹き出し、灰を舞い上がらせる。

金床の表面を磨き、イザリタガネの刃を研ぐ。脇舟（水槽）の水を入れ替える。ハンマーを拭き、火箸《ひばし》を並べる。火床回りは完璧だ。

庭に出て炭切りの作業にとりかかる。松炭二〇キロ、そのうち一五キロを鍛冶炭として約一寸角に切る。残り五キロは焼き入れ用に約五分角に切る。篩《ふるい》にかけ、細かい屑や粉を選り分けておく。これは、淩《さら》った火床の底に敷くと地面からの湿気を防ぐ。火熾きがよく、強い火力が持続する。

炭を見ながら鉈《なた》で切っていく。以前のように屑が出なくなった。鉈で手を切ることもなくなった。持病の腰痛を抱えて苦痛だった炭切りが、この頃は楽しく感じられる。鍛冶の生業が身体に染みついてきている。これも成長と思いたい。小一時間で作業を終える。炭の粉で真っ黒になった顔と手を洗い、玄関に師匠の雪駄《せった》を揃えて全ての準備を完了。ホッと一息つく。遅い朝メシの握り飯にくらいつくと、山道を登ってくる師匠の声が聞こえてくる。急いで飲み込んだら飯が喉に詰まった。目を白黒させながら出迎えに出る。

師匠はいつものように鍛冶場に直行、道具類に目を配る。修業を怠けているのを見透かされているようで緊張する瞬間だ。しかし、師匠はいつも柔和《にゅうわ》な笑顔を崩さず、何も言ってくれない。それが逆に無言の圧力になる。

作業着に着替えて、さっそく鍛冶仕事が始まる。今回の課題は、割り込みによる両刃の刃物作りだ。

地金を赤め、タガネで割り込みを入れる。
割り込みの部分に接合剤を盛り、鋼を差し込む。
地金
鋼
鋼を地金で挟み込んで接合する。
表裏から叩いて厚みを均等にし、形を整える。
接合したあと、赤めながら打ちのばして形にしていく。
皮むき包丁（両刃）
果物、野菜の皮むき、菜切りなど、用途が広い。

一般に両刃の刃物を鍛造《たんぞう》する場合、地金と鋼を三枚合わせにして鍛接《たんせつ》する方法と、地金をタガネで割り込んだ間に鋼を挟んで鍛接する方法がある。

三枚合わせの場合は地金、鋼、地金と三層に重ねて火床で熱し、叩いて鍛接し、打ちのばしていく。厚い材料を使って長物の刃物が作れる。

だが材料が厚い分、均一に火を入れるのが難しく、温度が下がる前に一気に打ちのばしていく力が不可欠で、機械ハンマー、もしくはそれに代わる大槌《おおづち》をふるう先手の助けが必要になる。つまり、手動の鞴を扱う一人鍛冶には限界がある。上手にやらないと重ねた材料がずれたり、地金と鋼が接合しないこともあり、素人鍛冶には荷が重い。

また、割り込みの場合は、厚い地金を赤めてタガネで割り込みを入れ、接合剤を盛って鋼を間に挟んで打つ。材料がずれにくく、鍛接作業が容易にできる利点がある。

だが、この場合も機械がないと、割り込む際に先手が要る。割り込む限度があるので、長物作りには向かない。三枚合わせ、割り込みのどちらにも一長一短がある。いずれにしても、手打ちの一人鍛冶をめざす以上、修業を重ねて技を磨き、課題を克服していくしか手がない。道は長い。生命は短い。つまらない掛け合いをやっている暇はない。

今回は、割り込み法による両刃の皮むき包丁作りを習う。刃渡り約三寸の小出刃包丁型の刃物だ。俗にいう皮むき包丁には片刃と両刃があるが、両刃の方が用途が広い。

師匠が横座に座る。弟子が先手を務める。まず、師匠が手本を一本打ったあと、弟子が作業を反芻《はんすう》しながら打つ手はず。そのときは師匠が先手に回ってくれることになっている。

火床に火が入る。鞴が荒々しく鬼の息を吐き、紅蓮《ぐれん》の炎を踊らせる。鋼が火にくべられる。鋼は幅五分、厚さが一分。すぐ火の色を吸って赤くなる。温度を上げすぎて火花が飛ぶ前に素早く引き出して打つ。

今回の作品がこれである。実によく切れ、野菜の皮はもちろん肉も簡単に切れた。

割り込みの深さを想定して幅を出し、平らに打って約二寸五分に切断する。冷ましてから、接合しやすいように表面や角をグラインダーで削っておくと失敗が少ない。

続いて地金の割り込みの工程に移る。地金は幅七分、厚さが三分ある。それを火に入れ、赤めたら引き出す。金床の上にのせ、師匠が中心にタガネを当てる。タガネの頭を狙って大槌を振り降ろす。

先端からタガネを少しずつ手前にずらしながら割り込んでいく。赤みが褪《あ》せてきたら火に戻し、再び引き出してタガネで割り込みを深くしていく。

タガネの刃の角度が少しでも狂っていると割り込みが曲がる。大槌も正確にタガネの頭の芯をはずさずに打っていかなければならない。口はいらない。阿吽《あうん》の呼吸《いき》が要求される。間違って大槌で頭でもガツンとやられる心配があるので、全幅の信頼関係が不可欠で、腹に一物飲んでいる人間や、未熟な相手とは組めない。

地金を長さ約三寸、深さ三分の二程度まで割り込んだら接合剤を入れ、鋼を挟み込んで火床で赤める。温度は赤味が抜けて輝黄色に変わる一一〇〇度前後。短時間に手早く赤め、引き出したら金床の上で叩いて一気に鍛接する。

激しく火花が飛ぶ。鍛冶の気迫がこの一瞬に凝縮してほとばしる。息を飲む間に地金と鋼が一体になる。

イザリタガネで峰側の先端を斜めに切り落とし、先に峰側を切っ先にかけて曲線を描くように打ち出す。続いて全体の幅を出すように刃側にのばしていくと反りが出て、極端に下っていた切っ先が起きてくる。

おおよその形が出来上ったら、仕上りの長さを考えて切断し、柄に入るコミの部分を作る。いったん火で赤めてからイザリタガネで切り込みを入れ、金床の角に当てて潰し、さらに金床の上に峰側をのせてハンマーで細く、長く打ちのばしていく。

コミを打ち終えたら、コミの先端を曲げておいて包丁全体の矯正、仕上げの作業に入る。コミの先端を曲げるのは火箸で摑みやすくするためで、この工程をはぶくと材料がグラグラと動いて作業がやりにくい。何げない部分に鍛冶の細かい工夫がある。

赤めたら形を矯正しながら厚みを揃え、水打ちをして不純物を飛ばして仕上げる。

さらに適度に温めた材料を台の上で表裏から叩いて飴のように曲げながら、表面の酸化膜を取る。酸化膜を取っておかないと、焼きを入れた際にバリバリ剝がれ、白癬《しらくも》状の跡ができて汚い。

ヤスリとグラインダーで細かい仕上げをしたら、焼き入れをする。砥粉の粉を水で溶いて表面に塗る。ムラなく、平均的に焼きを入れるための欠かせない工程だ。

割り込みを入れる作業。

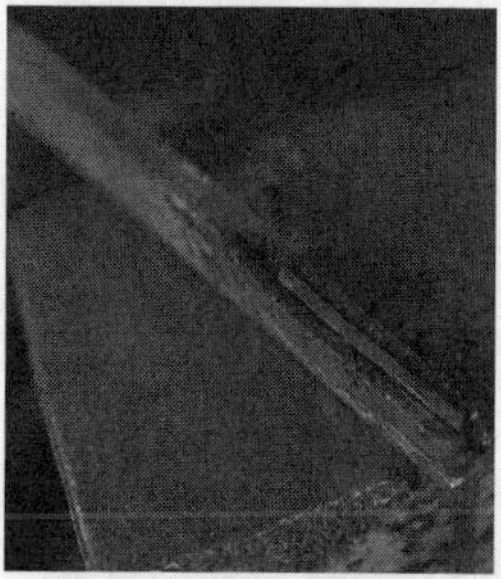

鋼を挟みこんだところ。今回のポイントでもある。

砥粉を塗って八〇〇度に赤め、水に入れると砥粉が水を吸い、早く均等に冷えて、いい焼きが入る。砥粉を塗らないと、赤めた鉄が水を弾く。この状態だと材料と水の間に空間が生じ、焼きが強く入ったところと弱いところができムラが出てしまう。砥粉の厚さは刷毛《はけ》で一撫《ひとな》でする程度がよく、厚すぎると水の吸いが悪く、冷めるのに時間がかかる。日本刀などの場合はドロを塗る厚さを変えて刃紋を出す工夫をする。

砥粉を塗り、火で乾かしてから火床に入れ、均等に赤めて素早く水の中に入れると焼きが入る。表面に残った砥粉を落とし、適度に温めて歪《ひず》みを直し、焼き鈍《なま》しをして一連の作業が終わる。あとは研ぎと柄をすげて完成する。

師弟二人、一つひとつの工程のたびに横座を、明け渡しながら、二本の皮むき包丁が出来上った。並べてみるとどことはなく品格に差がある。同じ材料を同じ道具で、同じように作っても個性と技術の差が現われる。年季は正直だ。しかし、貴重な体験だった。あとは日頃のたゆまぬ鍛練にかかっている。師匠に破門されないように、腹を据えて取り組むことを秘かに肝に銘じる。

6 竹割り鉈

夜来の雨が上って、今朝はうって変ったような青空が広がっている。ぶ厚い雨雲は一気に重荷を降ろして、どこかへ消えてしまった。

今日は、房総山中にある我が鍛冶場に、加藤清志師匠に来訪いただくことになっている。弟子が、師匠に出稽古を仰ぐなど、恐れおおいことだが、師匠も東京を離れる小さな旅を半ば楽しみにしておられる様子なので、甘えることにしている。

例のごとく、早朝から起き出して、火床の消し炭や灰を浚《さら》い、金床を磨き、タガネの刃を研ぎ終えて、炭切りにかかる。

鍛冶炭は、軟らかい松炭を鉈で一寸角に切る。また、焼き入れ用の炭は五分角に切る。松炭は、煮炊き用の楢炭や、備長炭などの硬炭と違って火力が弱いが、鞴《ふいご》の風で自在に火力を調整できる。一寸角に切ることによって火床全体で熾きるので温度ムラが少ない。また、一寸角に切った炭は、角から減っていき、炭と炭の隙間が詰まるので火力を平均に持続する。とくに焼き入れは微妙な火力調整が必要なので、炭を細かく切る。

炭を切ったら篩《ふるい》にかけて粉炭を選り分ける。粉炭が混じっているとバチバチと火花が爆《は》ぜる。作業がやりにくいし、火の元の不用心になる。また、選り分けた粉炭は火床の底に敷いておくと、地面の湿気を防ぎ、火熾きがいい。

これも鍛冶修業の心得だ。小一時間かかって鍛冶炭を一俵、焼き入れ用の炭を半俵切る。炭の粉をたっぷり吸い込んで鼻の穴を真っ黒にして、痛む腰を擦る頃、タイミングよく山道を登ってくる師の声が聞こえてくる。両腕に紫色に熟したアケビの実を抱えている。途中で油を売っていたらしい。

荷を降し、再会を歓び合うのもつかの間、さっそく鍛冶場に入る。今回は竹割り鉈《なた》を作ることになっている。

長年、竹細工を道楽にしてきて、竹割り鉈は、山仕事用の剣鉈を代用してきたが、自作の竹割り鉈を持てるのは、夢のようである。

竹割り鉈は両刃で、幅が一寸と細身だが、刃渡りが六、七寸と長い。竹を割るには肉厚も必要だ。

地金と鋼を打ちのばして切断する。
接合剤を盛って三枚合せに重ねる。
地金
地金
地金
鋼
1100度程度に赤める。
大槌で打ちのばしていく。

これだけの〝大物〟になると、地金も鋼も厚い材料を三枚合せにして鍛接して打ち伸ばしていかなければならないので、本来は機械ハンマーが必要だが、我が家は手打ちの設備しかない。自分専用の鍛冶場を持つにあたって、一人前《いっちょうまえ》に手打ち鍛冶にこだわった結果だが、早くも一人鍛冶の限界を思い知らされる。

「昔、機械ハンマーがなかった時分には、先手が大槌をふるって仕事をした。鍛冶屋の弟子は親方の先手をさせられて仕事を覚えた。今日はそれでやろう」

師が断を下す。弟子としては、これ以上の体験、貴重な修業はない。貪欲な好奇心が初体験の不安をねじ伏せる。実際、長年ライフワークにしている民俗学の取材で、各地の名人鍛冶を訪ねた折に、師弟のかけ合いの作業を何度も目にしている。なかには高齢の腰が曲がったお婆さんが先手を務めているところもあった。

その光景は鍛冶という生業《なりわい》の本質を示唆して、胸を熱くする。願ってもないチャンスである。望んで教えを乞わなければならない。すでに四キロと五キロの大槌を用意してある。こちらの魂胆《こんたん》はとっくに師に読まれているのだ。

火床に火が入れられる。バチバチと火花が爆ぜ、独特の臭気を伴った煙が濛々《もうもう》とたちこめる。炭を盛り、鞴の風を送って一気に火を熾こす。赤い炎が乱舞し、炭の山の

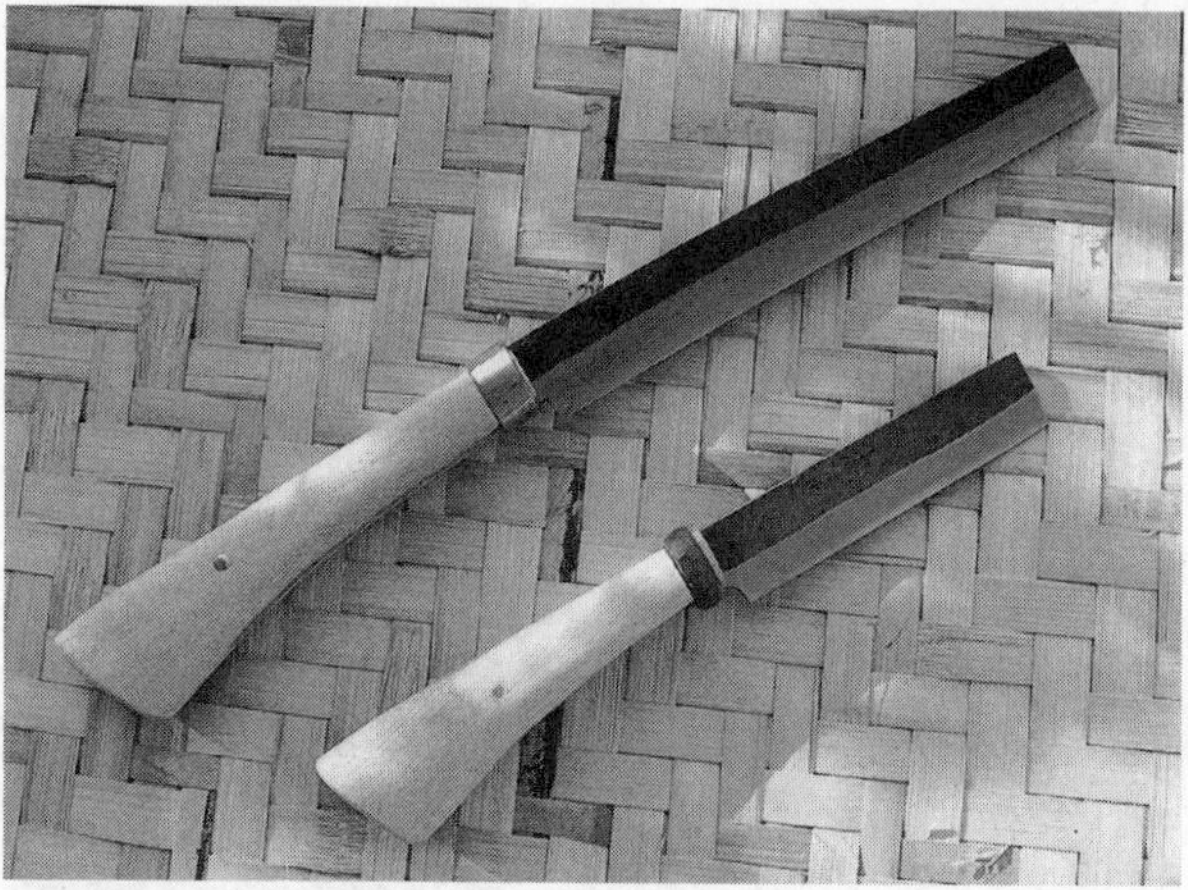

用途別にふたつの鉈を作った。大は砥石まで進め、小はグラインダー止まりの仕上げにしてある。

底から灼熱の噴火口が広がっていく。地金の平板を火に入れる。平板は幅七分、厚みが三分ある。

これを赤め、金床の上で打って形を整えながら水打ちをする。水打ちは、金床の表面に水を敷いて、その上で赤めた鉄を打つもので、飽和状態になった空気が爆発して錆などの不純物を飛ばしてしまう。

そのあと、もう一度赤め、二寸五分の長さに切断する。これが三枚合わせの、上側の地金になる。

続いて鋼を赤め、地金の幅に合わせて打ちのばし、同様に水打ちをして二寸の長さに切断する。地金より五分《ぶ》短い。その隙間をどうするのか

接合剤をふりかけた後、地金を乗せて、サンドイッチ状態にする。

地金の上に鋼を乗せ、接合剤をふりかける。鍛接作業の始まりだ。

合点がいかない。首をかしげる。

「五分足りない所は、地金を鋼の厚みに揃えて打って入れる。その部分を打ちのばして柄に入るコミにするから鋼はいらない。

鋼を入れたまま伸ばしてもいいが、鋼が入っていると硬くて加工が大変だし、目釘の穴もあけにくい。何よりも鋼は貴重なものだから、五分でも鍛冶屋は無駄にしない」

師の言に、あらためて鍛冶の技の深さと、真摯《しんし》な心得を学ぶ。

下拵《ごしら》えができたら、いよいよ鍛接作業に入る。長い地金に接合剤を均等に盛り、その上に二寸の鋼と五分の地金をのせ、さらに接合剤を盛って二寸五分の地金をのせる。左横から見るとコの字型に鋼を囲んで三段重ねになる。

接合剤は、俗に鉄蠟ともいい、鉄の粉と硼酸《ほうさん》を混合して作る。薄い包丁から、肉厚の鉈まで作る鍛冶は、鉄粉の粗さを変えて用意する。

「粒子が細かいと接合面がきれいだけど、熱で早く溶けて流れ出てしまうことがある。厚い材料を鍛接するには粗めの鉄蠟の方が失敗が少ない」

とくに今回は手打ちのため、短時間に一気に鍛接、打ち伸ばしができないので、粗い接合剤を選んだ。これは、作業に不馴れな弟子をおもんぱかっての師の配慮でもある。

三枚重ねにした材料を火に入れる。事前に炭をたっぷり入れて熾《お》こしておく。材料が厚い分、炭をたくさんのせないと温度が上がらず、赤んでこない。

刃物の鍛造は、火に入れている時間をできるだけ少なくし、素早く打ち伸ばすのがコツ。火に入れている時間が長いと、それだけ金属組織が壊れて、いい刃物ができない。また、材料を赤めている途中で炭を足すと、温度が急激に下がってしまう。

多めに熾こした炭を火かき棒で広げ、底を平らにならして材料を入れ、重ねた材料がずれないように、そっと炭をかぶせて包み込む。

鞴を一気に吹く。把手を引き、強く押し込む。木製の肺に目いっぱいに空気を溜め、羽口から強い息を吐き出す。火床の火がメラメラと炎を吹いて怒号する。火が炭の山を侵食していく。火の芯は赤さが抜け、目を射るような黄白色に移りつつある。

目で温度を読む師と金床を挟んで対峙し、五キロの大槌を握る。鍛冶の伝統的な作業が始まる瞬間が目前に迫っている。緊張で汗ばむ手に唾を吐き、腰を決める。

師が火床から材料を抜き出す。手前に引くと、重ねた材料がずれるので、水平にして真上に抜き出す。三枚重ねのぶ厚い材料が均一に輝赤色の輝きを放っている。そのまま金床の上に移動する。

「ハイ、打って……」

大槌を振り上げ、渾身《こんしん》の力で打ち降ろす。火花が飛ぶ。ドーンという激しい衝撃音と振動で小屋が揺れる。

直下型地震のような地響きで、深く埋め込んである数十キロの金床が反動で浮き上がる。その瞬間、血が沸き立つような興奮が全身を貫く。

「休まないで続けて打って……」

叱責《しっせき》の声が飛ぶ。大槌を振りかざして打つ。神経を一点に集中して打ち続ける。すでに機械ハンマー化している。作業は鍛接から、素のべの工程に移っていく。温度が下がってくると、師の手元の操作で、打つたびに材料が飴のように変形し、伸びていく。温度が下がってくると、手の衝撃が強くなってくる。

しのぎから刃側を打ち出していく。表裏から打ち、刃を中心に出す。
コミを打ち出し、形を整える。
元の部分を厚く、先に向って薄くしていく。
焼き入れ
反りを直しながら表面を丹念に叩いて鉄をしめる。
「油焼き」温度が急激に下らず焼き割れが少ない。
竹割り鉈（両刃）

素早く火に戻し、再び赤めて打つ。火の色による鍛造に適した温度、そして槌を打つポイントが次第に飲み込めてくる。対《つい》を成す師の考えが朧《おぼろ》げに理解できるようになってくる。段々、二人の呼吸が合ってくる。

だが、機械ハンマーと人間の先手との根本的な違いは、パワーの持続力だ。腕力には自信を持っていたが、五キロの大槌を十数回も振るうちに息が上がってしまう。大槌が持ち上がらず、力が入らなくなり、腰がふらついてくる。温度が下がって、材料を火に戻す間だけが先手のつかの間の休息時間。その間に心臓が飛び出しそうな息を静め、大汗をぬぐい、腰を伸ばす。鍛冶に身体ができていない証拠だ。

師が見かねて、先手を交代しながら作業を進める。師が大槌を振ると見違えるほど力が強く、呼吸も乱れない。年季の違いだ。

打ち伸ばした材料を厚みと幅を揃える。幅と厚みを足した数値が、刃を打ち出した仕上がり寸法になる。つねに寸法を計り、仕上がりを想定しながら作業を進める。

素《す》のべが終了したら先手は無罪放免。ハンマーで打ちながら刃を打ち出していく。最初に全体を峰側から緩やかな曲線に曲げておいて、元の方から両刃を打ち出していく。こうしておくと、刃を伸ばしていくにしたがって反りが戻っていく。

火床で赤めた材料を金床の上でやや立て気味にして置き、ハンマーの角度を合わせて、しのぎを出しながら刃を打ち出す。一方向からだけだと刃が真ん中に立たないので、裏側からも均等に打っていく。

師の作業を頭の中で反芻《はんすう》しながら、悪戦苦闘する。刃を打ち終わったらコミの部分を打ち出す。

竹を割る。両刃の刃で二つ割りにしていく。

鉈を体に固定し、竹の方を送っていく。

刃の角度で割れ筋が変化する。

高かった陽がいつの間にか西の稜線《りょうせん》に落ちて、小屋が闇に包まれている。裸電球の下で、グラインダーとヤスリがけをして形を矯正し、刃を削り出して、焼き入れまで漕ぎつける。

焼き入れは油焼き。水焼きだと急激に冷えて鋼の真ん中から割れが入る可能性があるが、油焼きは焼きが柔らかく入って失敗が少ない。ちなみに油焼きは五〇〇度、水焼きは一〇〇度まで一気に冷える。

火床の炭を焼き入れ用の細かい炭に変え、材料を入れたら約八〇〇度に赤めて油に入れる。油の表面にボッと炎が立ち、油が焼ける匂いが漂う。火の温度がムラなく均一にいったので美しい黒焼きに仕上がった。

その後、軽く温めて鈍《なま》しをかけ、数時間冷まして刃を研ぎ、柄をすげて、全ての作業が終了する。

一本の鉈作りを通して、全身の筋肉の痛みに替えがたい、抱えきれない教えを学んだ最良の一日だった。

III

1　鍛冶炭

久保田照夫（炭焼き人、岩手県九戸村）

岩手県の県北の地、九戸《くのへ》村。冬、雪深い山国も、今年は例年になく雪が少ない。冷え込みも緩く、昨夜来の雨を凍らす力がない。今朝は早くから雲一つない晴天が広がっているが、やはり寒気は弱い。

大地を覆っている根雪も足の重みに持ちこたえられずに、ズクズクと圧縮されて足型と波模様の刻印を残していく。しかし、やがて訪れる大寒波が気の滅入るようなドカ雪を降らせ、不粋な侵入者の足跡を春まで冷凍保存するだろう。

路地をはずれて民家の裏手に回ると、そこに簡素な屋根掛けをした炭焼き窯《かま》があった。切り揃えられたアカマツの原木が整然と積み上げられ、凛とした朝の冷気に、かすかに炭が焼けたほの甘い匂いが混じっている。

窯を背に、東北人特有のくったくのない笑顔が出迎える。中肉中背のがっしりした

僕の鍛冶屋修業
遠藤ケイ
、松炭の木口《こぐち》八方割れが深く柔らかい。火つきがいい。
松炭（鍛冶用）
火つきがよく、フイゴの微風で火力が上がるのが利点。
★根元は目がつまって火持ちがよく、中間は軽く、火力が弱い。
36センチに切り揃えて出荷する。

体軀が、土に生きる暮らしを彷彿とさせる。鼻の脇が黒い。久保田照夫さん（四十一歳）。鍛冶用の松炭を専門に焼く炭焼き人だ。

「遠方からご苦労さんでやんすな」

肩越しに覗ける窯の口の奥に、焼き上がった炭が黒い肌を見せている。火を止めて四日目、すでに炭は冷えて、窯出しを待つばかりになっている。

窯は「岩手窯」と呼ばれるもので、天井の丸みがやや偏平になっているのが特長。久保田さんの窯は一窯五十五俵の炭が焼ける。

日本有数の炭焼き県の岩手では小型の部類に入るが、鍛冶炭専門の炭焼き人は数少ない。久保田さんの窯はまだ新しい。昨年、家の裏手に窯を作り、冬の長い農閑期を利用して炭焼きを始めたばかりだ。

「自分で炭を焼くのは去年からだが、親父が炭焼きで〝門前の小僧〟でやんすな」

かつて、半年近く雪に閉ざされ、生業の道を絶たれた山間の人々は、冬に炭を焼いて生計を立てた。古くは、炭焼き人の多くは定住せず、人跡未踏の深山を移動しながら炭を焼いた。江戸時代には山人として、いわゆる一般の常民と区別され、定職を持たない無宿人の人別帳にすら記載されることがなかった。

日本人の起源ともいえる山の民の歴史が、不当な差別を受けた時代があった。

炭焼き人は、山に分け入ると、そこで簡単な小屋掛けをして住み、窯を作り、周辺の原木を伐採して炭を焼いた。焼いた炭は俵に詰め、背に負い、橇で曳いて里に降ろした。炭材がなくなると、新たな移動が始まる。窯は壊し、その土を集めて運び、再び窯を作る。一度焼いた土は火に強く、丈夫で、乾燥してもヒビ割れすることがない。ヒビ割れや、土に混じった木の根などや燃えた穴から空気が入ると、窯の中の炭材はすべて灰塵に帰してしまう。炭焼き人は窯の土を何よりも大切にした。

凍てつく厳寒の山稜に立ち登る幾筋もの窯の煙は、山国の冬の風物詩でもあった。また、里の人々にとって風見の役に立ったと同時に、炭焼き人の家族にとっては、離れて暮らす肉親の安否を知る唯一の手だてでもあった。かつて、そんな厳しい暮らしや生き様があったことを知る人は少なくなった。

久保田さんの父親もそうした炭焼きの一人だった。物心つく時分から父親に連れられて山を歩き、炭焼きの手伝いをさせられて育った。父は子に、手とり足とり技術を教えなかったが、原木の選び方や窯の作り方、木の入れ方、煙による温度の見方などを自然に覚えた。

四十路を迎えて炭焼きに手を染めた久保田さんの体内に、炭焼き人の血が脈立っている。農閑期の副業とはいえ、年々高齢化が進み、後継者が育たない状況の中で、かかる期待は大きい。

久保田さんが窯の中に潜り込む。身をかがめて後ろに続くと、乾燥した熱気に包まれる。火を消して四日を経て、窯の内部はまだ、余熱が充満している。寒さに備えて厚着をした肌に汗が吹き出してくる。

窯はほぼ円形に近い卵型をしている。天井は緩やかなドーム状で、腰を折っても頭がつく。内壁に手を触れてみる。赤茶けた土肌で、素焼きの陶器のように硬い。手のひらにぬくもりが伝わってくる。横壁はコテで塗り込めたように平らだが、天壁は全体に波打っていて、窯作りの痕跡を残している。

ちなみに炭焼き窯は、土手などを切り崩して掘った穴の内側に練った土を厚く塗って横壁を作り、乾いたら炭を焼くときと同じように内部に入れ木をする。隙間のないように炭材を立てて詰め、その上に細かい上げ木をつんで球状に形を整え、上から練った土をのせて、板などで叩いて固める。

内壁の凸凹や波状は、入れ木の跡である。さらに乾燥したのち、窯に火を入れて焼く。窯作りの仕上げと、一回目の炭焼きを兼ねた作業。窯の中の入れ木は炭になり、灰になる。窯は高温で焼かれ硬く締まる。

岩手窯は、この地に多く出土する珪藻土《けいそうど》を使って作られるのが特長。珪藻土というのは、はねけいそう、やつのけいそう、プランクトンなどの藻類や単細胞の膜が珪酸化し、淡水や海水の底に堆積してできた土で、古くはダイナマイトや磨き粉、脱色剤などに利用される。珪藻土は粘力が強く、火にも強い。丈夫で、保温力がある。七輪と同じで内部が高温になっても、外に熱が洩れない。

一般に炭焼き窯は粘土などで作られるが、この場合、窯の温度に比べて、直接炭材が接する地面の湿度が低く、未炭化のまま残りやすい。

窯出ししたら、余熱があるうちに次の炭材を入れる。過酷な労働を笑い飛ばす。

そのため、炭材の下に数木《かずき》と呼ばれる細かい枝などを敷き木に入れるが、珪藻土の場合は保温力があって窯全体の温度が一定しており、数木を敷く必要がない。焼きむらがなく、均一に焼ける。

窯の奥三分の二ほどの面積に焼き上がった松炭が詰まっている。上げ木は燃えて灰になっている。炭焼き窯は、焚き口に近い木から上げ木に火が移り、天井を舐めつくした火は奥の煙道の所から逆流して手前側に燃えてくる。楢《なら》や櫟《くぬぎ》などの硬木は全体に火が回るまで三日ほどかかるが、松は火つきが早く、二日で火が回る。火の調整が難しく、焚き口を塞ぎ、煙道を閉めるタイミングを誤ると、燃えて灰にしてしまう。

「いつもは、もうちょっと歩留りがいいんだが、途中で酒さ飲みすぎてな……」

東北人は物事に固執せず、根が明るい。そうでなければ過酷な生活環境の中で一日たりとも暮らしていけない。

松炭を一本手に取ってみる。炭化した樹皮がそのまま残っている。確かに松だ。しかもアカマツに限られるという。感触が柔らかく、意外なほど軽い。一般の硬炭とはまったく違う。硬炭の極、備長炭が硬鉄なら、松炭は豆腐だ。絹ごしではない。木綿豆腐だ。それくらい硬さに差があり、粗い。

これが、刀匠をはじめ、鍛冶職人が固執してやまない松炭なのか。しばし感慨にふける。なにゆえ、日本の鍛冶は松炭にこだわるのか。この燃え殻のような松炭のどこに、鍛冶炭としての秘密が潜んでいるのか。

炭は炭材にする木と、焼き方によって特質を異にする。一般に楢《なら》炭は煮炊きや焼き鳥、火《こ》燵《たつ》などの燃料として使われ、茶道では櫟《くぬぎ》炭にこだわる。さらに硬炭の頂点にウバメガシを焼いた備長炭がある。

楢や櫟は俗にいう黒炭、備長炭は白焼きで焼かれるが、いずれも硬炭に入る。

ちなみに黒炭は、窯に火が回ったあと焚き口や煙道を塞いで蒸し焼きにし、窯が自然に冷えるのを待って取り出す。最終の窯の温度が七〇〇～八〇〇度で、炭化度が比較的低いわりに発熱量が大きい。

それに対して白炭は、真っ赤に燃えている炭材を窯からかき出し、スバイ（灰や炭の粉に水分を含ませたもの）をかけて消す。鋼の焼き入れと同じで一段と硬度が増す。炭の表面が白い灰に覆われ、折れた断面に銀色の艶がある。白炭の名は、そこからきている。鋸の歯が立たないほど硬く、叩くとキンキンと金属音がする。

こうした硬炭は、火力が強く、安定して火持ちがいいが、鍛冶炭には向かない。鍛冶仕事では、打ちのばしや鍛接、鍛造、焼き入れなどの工程に応じて、微妙な火力の調整が欠かせない。鞴《ふいご》の操作で瞬時に火力が上がる、送風に敏感な炭でなければならない。そのために鍛冶炭はヤワい炭である必要がある。

また硬炭の場合は燃えて減ると炭と炭の間に空洞ができる。火力が上がらないだけでなく、火力にムラが生じる。鉄は火と密着して、温度が均等に伝わる。これは柔らかい炭でも同じことで、そのために鍛冶炭は、火床に入れる際に約三センチ角に割る。角型に割った鍛冶炭は、縁から減っていき、球形に形を変化させながら、減った分だけ詰まって空間ができない。刀匠の世界では〝炭割り三年〟という言葉がある。鍛冶の真髄は火の扱いにある。それゆえに鍛冶職人は自在に火を操ることに長い年

焼き上がるとこんなに凝縮される。

季を積み、炭にこだわる。

だが、果たして松炭が究極の鍛冶炭か。一説では桜炭や桐炭、栗炭が松炭に優るともいわれる。鍛冶の口伝《くでん》によれば、松は成長が早い。つまり木目（年輪）が粗い。その分、炭の消耗が激しく灰が多く出る。それに比して桜炭や栗炭は鞴の風に敏感で、火持ちが良く、灰が少ないといわれる。かつては桜や栗の炭を好んで使う鍛冶が多かったが、現在では原木が減って、松炭以上に入手が困難だともいわれている。新潟などの山間の村では、雑木を野焼きした雑炭を、カジゴと称して鍛冶屋の火床や、カマドの火熾こしに使った。

鍛冶炭を追って陸奥《みちのく》へやってきた。直に鍛冶炭の窯を見て、炭という古代からの燃料を再認識させられた。近々、久保田さんの手になる松炭が届く。庭隅に設えた鍛冶場で、じっくりと松炭の火と対峙してみるつもりだ。火床の中の火が何を語りかけ、僕が何を訊き出せるか。すべてはそれにかかっている。

2　研ぎ

江川保（研ぎ師、東京都）

関東一円の鍛冶や刃物商、あるいは包丁の切れ味にこだわる料理人たちにその名を知られる「研勝」の店は、東上野の、下町の風情が色濃く残る家並みの中にあった。間口三間半、路地に面した硝子戸の桟は市井の暮らしの匂いや、手脂が染みついて、年代を感じさせる。この引き戸をガラガラと開けて、いままでどれだけの鍛冶や、料理人が研ぎを頼みにきたのだろうか。

ひょいと鴨居の上を見上げると、刃渡り六尺余もありそうな、巨大な出刃包丁がデンと飾られている。上野寛永寺、浅草浅草寺の仁王様か、地獄の鬼でも研ぎを頼んで忘れたものか。

聞けば、本体は木製で、刃の部分だけ金属《かね》板が貼りつけてある模造品だというが、重量は相当のものがあり、長い歳月の間に鴨居が下って、戸の開け閉めに骨を折るようになった。それでも外さないのは、「研勝」の看板にこだわる職人の意地と頑固さ、そして江戸人の洒落っ気とやせがまん。

敷居を跨ぐと、奥行き半間ばかりの三和土《たたき》の正面に硝子ケースが衝立《ついたて》代わりに置かれ、その奥の板の間が研ぎ場になっている。

左手奥が一段低く、原始時代の石貨のような巨大な水丸砥《みずまると》（直径三尺）が二つ並んで、シャフトに串刺しにされている。一つは人造の荒砥、もう一つは天然の中砥で、「大村《おおむら》」（和歌山産）だ。深い錆や、大きく刃が欠けたり、使い減りして変形してしまった刃物など、手研ぎでは手に負《お》えないものを研ぐ。仕事が重なると、三カ月で減って取り替える。

壁面には研ぎ減った鉄粉混じりのトクソ（砥石の滓）が付着し、鍾乳石のように盛り上がり、爛れたように垂れ下がっている。触れてみるとコンクリートのように硬い。板の間の研ぎ場の中央には、水を張った研ぎ桶がある。大きさは横二メートル弱、奥行き約六五センチと横に長く、深さは約四〇センチある。

研ぎ汁で濁った研ぎ桶の水の中に七、八本の砥石が浸けてある。

研ぎ桶の前には四、五段の低い棚があり、数えきれない数の砥石がびっしりと積み上げられている。そして、板の間には研ぎかけの包丁や彫刻刀などの刃物が雑然と置

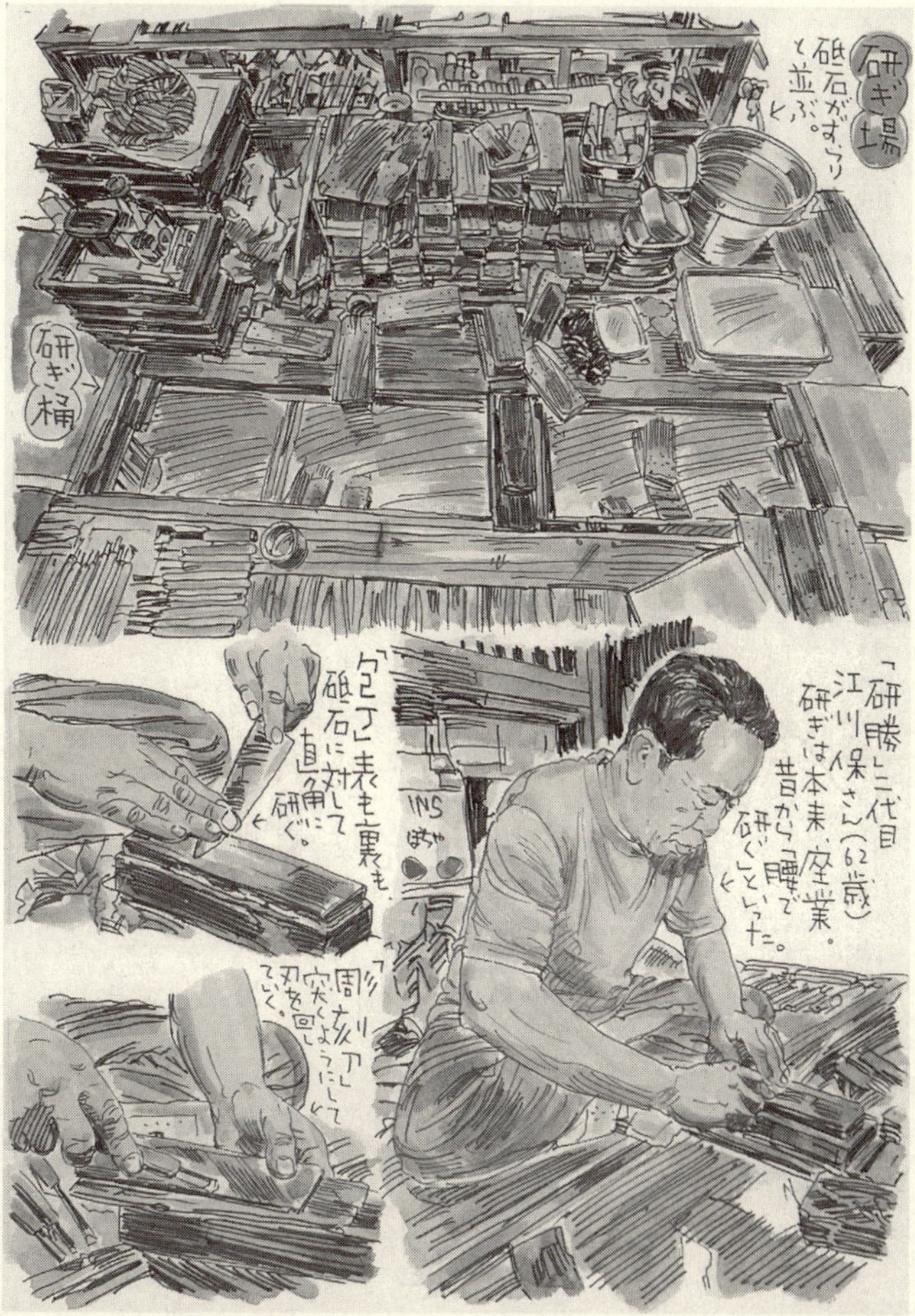
研ぎ場
砥石がずらりと並ぶ。
研ぎ桶
「研勝」二代目
江川保さん(62歳)
研ぎは本来、座業。
昔から「腰で研ぐ」といった。
「包丁」表も裏も
砥石に対して
直角に研ぐ。
INS
「彫刻刀」
突くようにして
刃を回していく。

かれている。

そうした道具に埋まるように、研ぎ場の中央には偏屈そうな男が座って、不意の訪問者を上目遣いに睨んでいる。「研勝」二代目、江川保さんである。

初代は江川勝次郎。東京で名の通った研ぎ師で、父親であり、師匠でもある。何人かいた弟子に混じって修業した。

「二代目という言い方は嫌いだね。職人に初代も二代目もない。みんな自分一代のもんだ」

開口一番、切れのいい啖呵が飛んでくる。研ぎ上げられた剃刀で、首筋の産毛でもツーッと剃られたようだ。偏屈に年季が入っている。しかも偏屈の上に生真面目な馬鹿っ正直がつく。

言葉の裏には、金看板に寄りかかって、職人が精進を怠《なま》けることへの戒めと、叩き上げの技への自負、そして職人の覚悟が覗く。

その実《じつ》、そこに話が向けられると、

「私は研ぎ屋なんかになりたくなかった。親父に無理矢理引っ張り込まれた。気がついたらもう四十年、朝から晩まで砥石と刃物と睨めっこ。どうにもしようがない」

などと、照れを自嘲に隠し、話をはぐらかしてしまう。昔かたぎの職人は、口先が達者だと嫌われる。腕のいい職人は寡黙で、無駄口をきかない。舌先三寸ではなく、仕事の手際で自分を語る。手仕事の技は、口より能弁で正直だ。

正座に崩した足を胡坐《あぐら》に正す。研ぎ師にとっての正座は胡坐である。腰が決まらないと体が安定しない。昔から刃物研ぎは「胡坐をかいて、腰で研ぐ」といった。立姿勢でも、椅子に腰かけても具合が悪い。身体の芯が安定しない。胡坐の足がきっちり組まれると、床に根が張ったようでテコでも動きそうにない。

繊細さを要求される日本の手仕事はすべて座業だった。座業は、膝も臑も、足の指も治具に使える。

研ぎ桶に渡した砥石台に砥石をのせる。棚に無雑作に積み上げられた砥石は、ざっと教えて六〇〜七〇枚。肉厚のものから、薄板のように減ったものまである。すべて天然砥石。荒砥では「大村《おおむら》」「備水《びんすい》」、中砥は「丹波《たんば》」「天草《あまくさ》」「沼田《ぬまた》」、仕上げ砥は「内曇《うちぐもり》」「巣板《すいた》」「からす」「戸前《とまえ》」等々。

「天然砥石しか使わないが、種類はそうあるわけじゃない。べらぼうに高い砥石もあるが、私らには使えませんよ。いま使っているので一五種類くらい。ただ同じ砥石でも硬い柔らかいがある。その硬さで使い分ける」

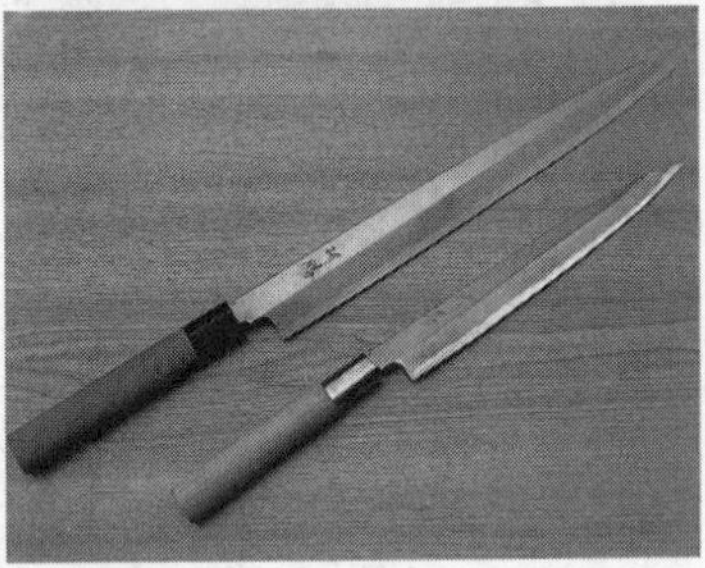

化粧研ぎされた柳刃包丁と、「すぐつかい」の本刃研ぎ。

刃物と砥石の相性がある。一般に、焼きの硬い刃物には柔らかい砥石、柔らかい刃物には硬い砥石を使うのが基本。硬物と硬物が喧嘩すると刃が欠けやすいし、柔物同士では鋭い刃が立たない。

研ぎに持ち込まれた刃物を見て、あるいは一度砥石に当ててみれば、鋼の素性や焼きの硬さ具合が分かる。

砥石はそれに合わせて選ぶ。数ある砥石は一枚一枚、すべて頭に入っている。

「研勝」にはいろんな刃物が研ぎに持ち込まれる。鑿《のみ》、鉋《かんな》、鉈《なた》、銑《せん》、釿《ちような》などの大工道具から、包丁や彫刻刀、切り出し、鋏《はさみ》等々。

かつて、上野を中心とする下町界隈には、鋼材を商う問屋や、刃物問屋、研ぎ屋が多くあった。

鍛冶は打ち上げた刃物を研ぎに出しながら、研ぎがすんだ品物を受け取って刃物問屋に納める。そこで代金の支払いを貰い、鋼材店で材料を仕入れて帰るという流通のサイクルがあった。

また下町には市井の職人が大勢住み、包丁を扱う小料理屋が多くあり、手料理を大事にする庶民の暮らしがあった。

「ことわるのは下駄の歯と、歯医者の歯ぐらい。あとはどんな刃物でも研ぐ。持ち込まれてできないとはいえない。職人の意地だ」

研ぎに出された刃物を見ると、それを打った鍛冶の腕が分かる。職人や料理人、主婦の技量や、性格、癖まで読み取れる。

だから、半端な鍛冶は技量を見透かされるのを嫌がって、「研勝」に研ぎに出すのをためらったという逸話がある。

本職《プロ》の料理人が素性が知られるのを嫌って、店の者に持っていかせることも多いらしい。また、自分で研いだ包丁が修復できないくらい変形して、持ち込まれてくることもある。そういう場合は、本来の用途を尋ねて直してやる。

彫刻刀を研ぐ。鎌倉彫りの工芸家の注文品。用途によって刃の形が異なるものが数十本ある。鋭敏な切れ味を要求される鎌倉彫りは、鑿や彫刻刀の研ぎが命。

中砥から研ぐ。中砥は五〇〇番前後。硬目のものを選ぶ。砥石に手水をかけ、平刀は刃の角度に合わせて砥石の面に当て、前に突くようにして研ぐ。

丸刀は刃の丸みに合わせて、少しずつ面をずらしながら研ぐ。押すときに力を加え、引くときに力を抜くのがコツ。腰がリズムを取る。黒い研ぎ汁が浮く。スーッスーッとかすかな摩擦音が耳に心地よく響く。
五、六回研ぐだけで刃が立つ。刃が立ったら、裏のササクレの「刃返《はがえ》り」を取る。
丸刀の場合は、薄い砥石を立てて縁で研ぐ。中砥がすんだら仕上げ砥に替えて仕上げる。

一本研ぎ上げるのに、ものの五分とかからない。研ぎが難しいといわれる彫刻刀を、お遊びのように無雑作にやってのける。

「研ぎ方なんてどうでもいいんです。要は切れりゃいい」

ぞんざいな口調で煙に巻くが、その〝切れる〟研ぎが素人には難しい。

包丁を研ぐ。近所の割烹の板前の品。やはり本人は現われず、店の若い衆が持ってきた。刃の先端部分が極端に減って変形している。曲がりを見る。刃の裏側に少し反りが出ている。包丁を熱湯に浸けたまま放っておくと歪みが出る。包丁の手入れが出来ていない証拠だ。

片刃の刃物は、鋼側に反りが出やすい。湯に長く浸けたり、暖房がきいた部屋に置きっぱなしにしただけで反りが出る。鋼側に反ったヒズミを戻すのは難しい。無理に叩くと折れてしまうが、熟練した研ぎ師は、簡単な治具を使って直してしまう。素材の性質、可逆性を熟知した技だ。

砥石に包丁を直角に当て、押し研ぎで研ぐ。一定の角度を保って、砥石の面をいっぱいに使って研ぐ。刃物の材質によって砥石のノリが微妙に違う。滑って砥げない場合もある。

熟練してくると、手に伝わってくる感じと音で、砥石のノリ具合が分る。どの程度研ぎ上っているかも判断できる。

「いい砥石は刃物が食いついていく。研いで味がある。刃物に表情が出てくる。それが研ぎ屋冥利ってところかな」

一般に打ち刃物は「化粧研ぎ」がされて、店頭に並べられ

天然砥石しか使わない。刃物との相性を読みながら使い分ける。

大きな水丸砥では、深い錆や大きな刃欠けのあるものなどを研ぐ。

ている。化粧研ぎは別に「かすみ研ぎ」ともいわれ、見ためにきれいに研がれているが、刃は立っていない。したがって、そのままでは切れない。

以前は、職人は道具を買ってから、仕事に合った刃付けをしたし、一般の包丁なども買うと店で刃を研いでくれた。それに対して、最初から刃をつけてある〝すぐつかい〟の刃物を「本刃付け」、あるいは「江戸研ぎ」といった。

本刃付けは「研勝」初代が昭和の初め頃に始めたもので、研ぎ師の良心と責任を表したものだった。現在でも「研勝」の銘を入れた包丁はすべて、本刃付けがされている。

本刃付けされた刃物は、素人が見た目で判別するのが難しいが、切れ味は驚くほどの違いがある。髪の毛をなぞると、剃刀のように抵抗なく剃《す》き切れる。

そうした研ぎの極意は、初代から二代目に受け継がれ、さらに磨き上げられてきた。四十年余の生業を重ねて、持病の腰痛と一緒に身体に染みついたものだ。

鍛冶修業の究極には「研ぎ」という課題が待ち受けている。避けて通れない難関だ。その世界、また奥深く、いまだ深淵をすら覗けない。この道、はるかに遠いことを実感し、覚悟を決める。

3 剣鉈

山中秀人（山師、埼玉県秩父市）

「剣鉈っちゃ、オレら山師の間では〝伊達鉈《だてなた》〟といって、元来、山仕事に持って歩くことはしなかったもんだいね」

山師、山中秀人（三十七歳）が衒《てら》いもなく言ってのける。

顔半分を熊のような剛毛で埋めた、野武士を彷彿とさせる風貌。木の瘤のようなごつい手に、十数年使い込んできた剣鉈が握られている。

刃渡り七寸五分、刃から峰の差し渡しがおよそ一寸五分、柄は約二〇度の角度がつけられている。本来は刃渡りが八寸、差し渡しはあと一分《いちぶ》あったが、長い歳月に研ぎ減りをした。この研ぎ減りした刃先に、山に生きる男の生き様と英知が叩き込まれている。

秩父大滝村、中津川。埼玉県の西端にあり、群馬、山梨、長野の四県が県境を接する山間辺地の村。両神山と白泰山に挟まれた深い、急峻な斜面に石塁を積み、わずかばかりの平地と畑を墾《ひら》いて生きてきた。

そうした宿命的な環境風土の中で、林業以外に生きる手だてがなく、この土地の男たちは、ほとんど例外なく山仕事に従事した。

秀人も十五歳で山師の世界に身を投じた。父親が筋金入りの山師、きやんぼうだった。

山師は、この地方で木の伐採から搬出に至る山仕事全般に従事する人間を指すが、とくに山仕事の〝花形〟である伐採作業に精通している者に対し、崇敬をこめてきやんぼうと呼んだ。

秀人は、きやんぼうの親父に厳しく山師の分際を叩き込まれ、一人前の山師の仲間入りを果たした際にいまの剣鉈を手にいれた。以来十余年間、日々使い込み、研ぎ出して、すでに手の延長のように馴染んだ道具になっている。

剣鉈は本来、猟師が好んで使う刃物である。山入りの際に藪をはらい、枝などを切る腰鉈の役をすると同時に、剣状の鋭利な切っ先で獲物を解体、腑分けをし、ときには山獣から身を守るための武器にもなった。

一丁の刃物でさまざまな用途をこなす剣鉈は、猟師には必要不可欠な道具だ。

しかし、山で植林から下草刈り、間伐、枝打ちを経て、伐採から原木の搬出までの

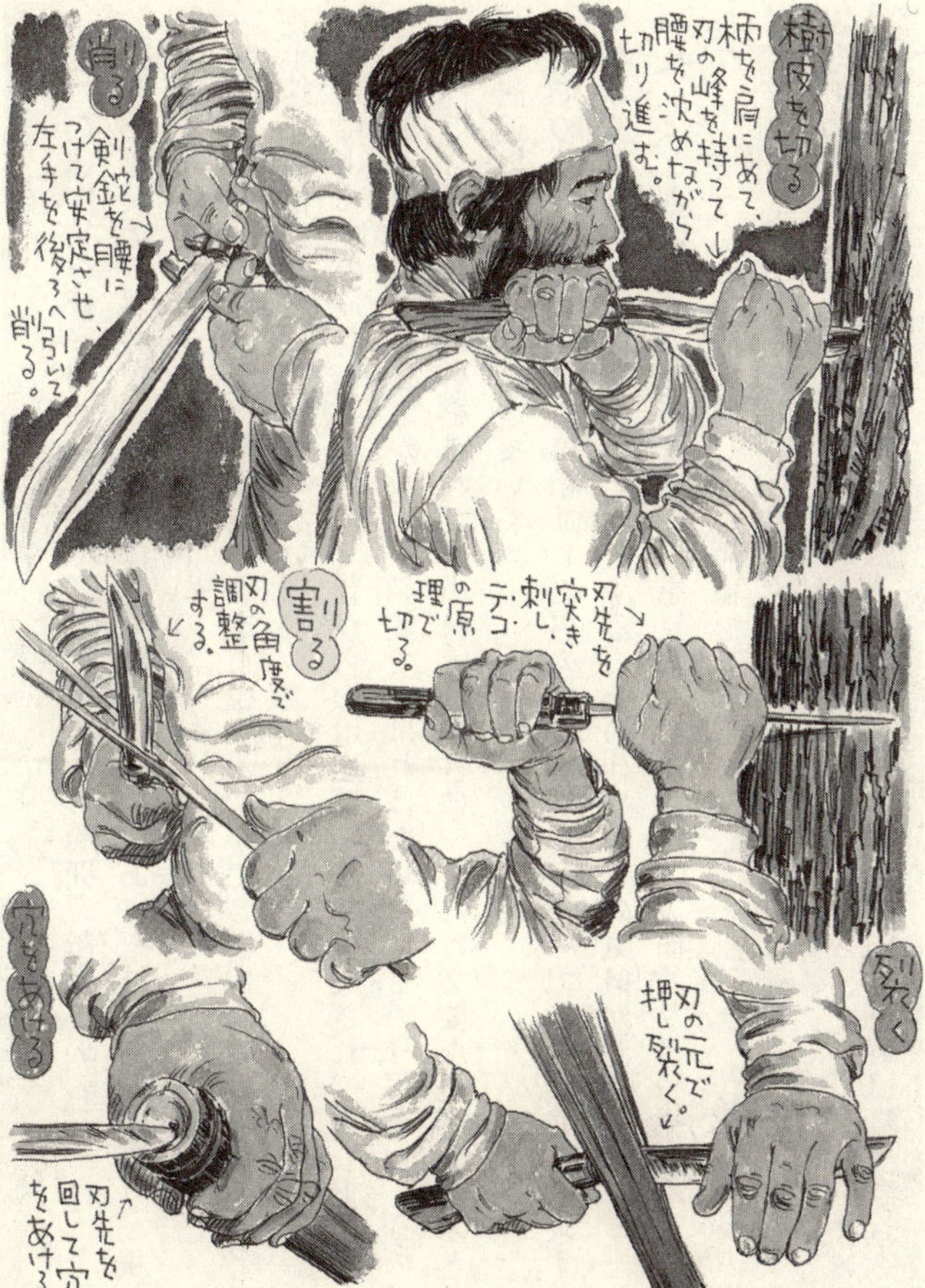

樹皮を切る
柄を肩にあて、刃の峰を持って腰を沈めながら切り進む。
削る
剣鉈を腰につけて安定させ、左手を後ろへ引いて削る。
刃先を突き刺し、テコの原理で切る。
割る
刃の角度で調整する。
裂く
刃の元で押し裂く。
穴をあける
刃先を回して穴をあける。

一連の造林作業を行う山師にとって、剣鉈は扱いの範囲を越えている。

必要な道具は、邪魔な藪や枝をはらう腰鉈や腰鋸であり、枝打ち鉈であり、根伐り用の鋸や斧、そしてチェーン・ソーなのだ。

巨木に挑み、道理に合った作業形態を重視する昔かたぎの山師の目には、剣鉈は中途半端な〝伊達鉈〟にしか映らない。

「確かに山仕事の道具というのは、昔からの用途に応じて工夫され、作り上げられてきた。どれをとっても無駄がない。剣鉈でなければならないという作業というのはないな。でも、山師の仕事を離れて、山に入るときに一つだけ必要な道具を選ぶとしたら、間違いなく剣鉈を持っていく」

山での暮らしと労働習俗に精通した男の目が、剣鉈が秘めている機能を追求する。一本の道具を完璧に使いこなそうとする〝山の仕事師〟の気概が漂う。

我々はときに道具の機能という点を見落としがちだ。表面的な形や見てくれにとらわれて、使うための道具としての価値を忘れる。

とくに作り手は、奇を衒《てら》ったデザインや、不必要な粉飾に凝ることに熱心で、道具としての成り立ちや機能を軽視する傾向がある。

作り手が職人なのか芸術家《アーチスト》なのか、作品が使うための道具なのか、飾っておくための美術品なのかを見分ける目を持つ必要がある。

少なくとも私は、宝石が埋め込まれたようなナイフはいらない。武骨でもいい。使い勝手がよく、実用に耐え、切れ味鋭い刃物。使い込むほどに味わいが深くなる刃物を手に入れたい。余計な粉飾を削ぎ落とし、機能性を極めつくした道具には、どこか人肌のぬくもりを感じさせる機能美が備わっているものだ。

しかし、道具の究極的な機能美を完成させるためには、使い手もまた、道具の成り立ちや特性に対する知識と技術を磨いていく必要がある。

熟練した山師に剣鉈の扱いや作法を習う。川原の流木に向かい、剣鉈を構える。まず、鉈としての機能を試す。

鉈として使う場合、普通、柄の端に近いところを持つ。親指と人差し指の力を抜き、小指で持つようにして握る。その小指を支点に、手首を使って振ると鉈の安定がよく、軽い力で鉈が振れる。

剣鉈を斜めに振り降ろして切る。木や竹は真横から打ち込むと刃が欠ける。とくに流木は芯が硬い。刃が流れて事故に繋がる。刃の角度が大切だ。

一方向からだけで切れなければ反対側から追い口を入れる。切り落とした流木の幹

使って使って研ぎ減って、手の延長のようになっている剣鉈一丁でさまざまな用途をこなす。

を薄く削いでいく。

　山師の焚火法を見せてくれるという。山は夏でも底冷えがする。山師は作業の合間に火を燃して暖をとる。雨で木や地面が湿っていても、マッチ一本で確実に燃やす技術が不可欠だ。

　剣鉈が正確に打ち込まれ、紙のように薄い木片が削られていく。剣鉈の刃が常に頭の真下に置かれている。道具使いの基本だ。

「硬木を切ったり、割ったり、削ったりするときは、刃の真ん中からやや先側を使う。剣鉈は七、八寸の刃渡りがあると頭が重い。振り降ろしたときに一番力が集中する位置で切る。それから刃物っていうのは、垂直に刃を当てても切れない。刃が加減、滑り気味に入る方が切れる。柄に角度を持たせてあるから、普通に振っただけで、当たる瞬間に刃が前に滑るようになっている」

　薄く削った木片をまとめてホクチにし、マッチで火をつけ、焚きつけの下に入れる。焚きつけは、枯れ木の細い枝先を、脇枝を除いて同じ程度の長さに折り、隙間のないように一方向にまとめておく。隙間があきすぎると火力が上っていかない。
「火種、酸素、薪が火を燃す三要素。ひとつが不完全でも燃えない。ホクチの火を焚きつけに移し、火力が上ってきたら段々に太い薪を入れていく。雨や雪の中でも燃える」

剣鉈は細かい細工用の鉈としても使える。

山師は漁具作りにとりかかる。手近にある竹を利用して「ブッテ」と「ドウ」を作るという。ブッテとドウは山国中津川に伝わる原始的な漁法、漁具で、岩魚《いわな》や山女《やまめ》、鮠《はや》、鰍《かじか》などの川魚を捕る。

ブッテは、竹を細く割り裂くことから始まる。竹を細く割り裂く場合は、鉈の刃の元の方を使う。

柄を刃ギリギリに持ち、親指と人差し指の力を抜く。鉈を持つ手の脇を脇腹あたりにつけて固定させ、竹の方を送り出すようにして割る。

一本を二本に、二本を四本にと、次第に細く割っていく。竹は、左右均等に刃を入れていけば同じ幅で、きれいに割れるが、微妙な刃の角度で一方に割れが深くなって、途中で切れたりする。

刃が右へ傾くと左側へ、左へ寝かせると右側へ割れていく。その理屈を理解し、身体が、覚え込むのに年季が要る。

割った竹の面取りや、削ったりの細かい細工をする場合は、持ち手はそのままにして、刃の向きを外側に返す。親指と人差し指の付け根が刃ギリギリにくるようにして持つ。

同じように手首を脇腹につけて固定し、竹を持つ手を後ろへ引くようにして削る。これも刃物全てに通じる基本だ。竹を薄く削ぐときは、鉈を膝などに当て、竹を手前に引いて削る。刃物は動かさないから怪我をする心配がない。

ブッテは、細く割った竹を七、八十本並べて簀に編み、柄にする細竹の一方の端に入れた切り込みに、簀の中心の数本を差し込む。そのあと、左右の割竹を一本ずつ交互に、柄に交差させるように編み重ねていく。

最後に簀の一方の端にロープを結び、強く張りながら柄の先端に結ぶと、塵取りに形状が似た三角形の漁具が完成する。使い方は、ブッテの口を上流に向けて構え、川底の石をはがす。石の底に潜んでいる魚が入る。

また、ドウは一般に、筌《うけ》と呼ばれるもので、普通は割竹を編んで作られるが、ここでは竹筒を使って作る。竹筒は途中まで細かく割り、その口を漏斗《じょうご》型に開いて箍《たが》をはめて固定する。

口にカエシはつけない。急流に仕掛ければ、魚が逃げることがない。

また、一節残した底に剣鉈の先で小さな穴をあけておくと、水が抜けるだけでなく、魚が抜け口があると錯覚して奥へ奥へと頭を突っ込んで、身動きが出来なくなるという按配。遠近法を使った騙《だま》し漁法だ。原始的だが、魚の習性を熟知したみごとな漁法である。

「剣鉈にはいろんな使い方があるが、一番の特長は切っ先があることだ。普通の鉈にはこれがないから用途が限られる。俗にいう〝切っ先三寸〟。これが威力を発揮する」

剣鉈の切っ先は、山獣の解体や腑分けなどの猟刀や料理用としても使える。また、山で樹皮を剝ぐ際にも役立つ。

手近にある竹を利用して作った「ブッテ」、「ドウ」、それに魚籠。これだけの道具をほんの一時に作ってしまった。

ブッテを使って鮴捕りをする。

樹皮は、古く、植物繊維を太布《たふ》に代表される布織りの材料にしたほか、樺細工にも使われてきた。

また、山の民は、沢で思いがけず魚を捕った時などに、やまれぬ急場の処置として沢胡桃などの樹皮を剝ぎ、魚籠《びく》の代用とした。こうした行為は山の自然と共存して生きてきた人々にのみ許されるものだ。

樹皮を剝ぐ際には、剣鉈の柄を肩に当て、刃の峰を握って安定させ、身体を下げながら縦目を入れる。

横に切り込む場合は、剣鉈の先を突き刺し、それをテコの支点に刃を倒すようにして繊維を断ち切っていく。

「剣鉈は、鉈とナイフが一体になったものだ。つまり、鉈とナイフ、両方の用途を一本でこなす道具だが、その前に鉈というのはどういうものか、ナイフというのはどういうものかを知っていなければ使う資格がない」

髭面の若き山師はニヤリと笑いながら、剣鉈の先でむき出しの腕の毛を剃り上げ、風に吹いた。

4　樺細工刃物

安杖忠雄（樺細工師、秋田県角館町）

秋田県角館《かくのだて》を起点に南北に縦断する奥羽山脈一帯は、冬は雪深く、酷寒に閉ざされる割に、夏の暑さもまたことのほか厳しい。東北地方にありながら、周囲を山々に囲まれた内陸性気候のせいだ。

この夏、連日三五度を越える猛暑が続く盛夏の山中を人知れず徘徊する男たちがいる。

人々は彼らを「樺剝《かばはぎ》」あるいは「樺剝ぎさん」と呼ぶ。樺剝ぎというのは、角館の伝統工芸品、樺細工の材料である山桜の樹皮の採取人を指す。

山桜の樹皮を採取する時期は、梅雨が終わって、強い夏の日差しが照りつける七月から、秋の気配が漂い始める九月末までの三カ月間。この時期がもっとも樹勢が盛んで樹皮が剝がしやすい。樹皮を剝がされたあとの回復力も強い。

ちなみに寒い季節だと樹皮はぴったりと木肌に張りついていて剝がれない。無理に刃物を入れても小片にしか剝がれず、使い物にならない。樹勢が衰えている木を痛めたり、枯らしてしまうこともある。

夏の山歩きは過酷だ。樹木が鬱蒼《うっそう》と葉を繁らせ、下草が足元を隠して、風が通らない。蒸し暑くて汗がしたたり落ちる。

急斜面を一気に登ったり降りたりしながら、山深く分け入っていく。麓《ふもと》に近い山地は開発が進んで樹木が伐られ、あるいは早々と樺剝ぎがされて、次第に山の奥へ奥へと足をのばさなければ、品質のいい、まとまった樹皮の採取ができなくなっている。

安杖《あんづえ》忠雄さん（六十六歳）が先頭に立って斜面を登る。尾根道は夏の強い日差しがジリジリと照りつけている。草いきれが熱を含んでいる。一足進めるたびに汗が吹き出し、肌をヌルヌルと這っていく。アブがいたぶるように攻撃を仕掛けてくる。

安杖さんは専門の樺剝ぎさんではない。本職は樺細工の職人だ。この道三十余年のベテラン。

本来、樺細工職人が自分で樺剝ぎをすることは少ない。樺剝ぎさんが採取した樹皮を一束（五〇枚）いくらで買って使う場合が多い。

山桜の樹皮に縦に刃を入れる。
節などを避け一巻ききれいに剥がす。
木に登って幹の上の方から剥がしてくる。
樺細工の刃物。刃の角度などは職人によって工夫してある。
切り出し
鉋
切り出し
樹皮の細かい加工、端のカットは切れ味鋭い切り出しナイフで切る。
樹皮の上皮を削る。左手親指がストッパーになる。

だが、最近はただ枚数だけ揃えればいいという樺剝ぎさんが多くなった。まとめて買っても使えない樹皮も多い。お金ももったいない。無駄に捨てられる樹皮もかわいそう。むやみに樹皮を剝がされる樹木も気の毒だ。

それなら自分で山に入り、一枚一枚選びながら剝ぎ、いい材料を大切に使う方がいい。毎年、夏の三カ月間は樺細工の仕事を休み、連日山へ入っている。

例年、山の持ち主から十数町歩という単位で樹皮の採取権を買って山に入る。

商業柄、山を遠望しただけで山桜の木がどのくらいあるかが分かるが、山に入って見るまでは質の良し悪しは分からない。

思いがけず、一枚一万円は下らない値で取り引きされるちらし皮にめぐり合うこともあるし、まったく採取できないこともある。勘を頼りの賭けの世界だ。

山桜の木を一本一本品定めしながら山を歩く。一旦最奥部まで登って、上から樹皮を剝ぎながら山を下ってくる。その方が荷運びが楽だ。

普通、山桜は千メートル級の高い山の峰には少ない。七、八合目あたりが限度。また、日当りのいい場所の木は樹皮が厚いが、日陰の沢筋の木は樹皮が薄く、質も悪い。暖かい地方の樹皮も薄くて樺細工には向かない。

一般に採取の対象になる木は樹齢三十年以上の、太さ三〇センチを越えるものが最良とされるが、秋田県の木は一般に成長が遅く、細い。樹皮も比較的薄く、岩手県のものが厚みがあり、質もいいといわれる。

樹皮は古木ほど黒い艶が出て上質だが、剝ぎ方が悪いと木が枯れることがある。

安杖さんが山桜の木の真下に立って見上げる。樹皮の品質を見定め、どう登るかを判断する。樺剝ぎ作業は木に登って、上の方から剝がしながら降りてくる。下から剝いでいくと、登り降りに滑って危ないからだ。

66歳とは思えない安杖忠雄さん。楽々と木に登る。きれいに、そして器用に皮を剝いでいく。

木が細ければ両手をのばしてつかまり、両足で垂直に歩くようにしながら登る。近くに別の木があるときは、その木を両手で抱えるようにしながら、身体を横にして両足で駆け登る。

また、太い木の場合は、幹に横木をロープでゆわえて足場を作って登る。年齢を感じさせない機敏な動作で一気に木に登る。

手には皮剝ぎ用の刃物が握られている。樹皮を断つには鋭角な刃先が不可欠。安杖さんは目立て用の平ヤスリを研ぎ出して使っている。ヤスリは全鋼。焼きが硬く、研げば切れ味が鋭い。反面、衝撃に刃が欠けやすいが、皮剝ぎ用には適している。実践的な工夫だ。だが、ヤスリを加工する際には、グラインダーでヤスリ目を磨り落としたり、刃先を出したりするときに熱が入りすぎると、鋼の焼きが落ちてナマクラになってしまう。研磨している最中に摩擦熱で青く色が変わってしまったら、もう刃物としては使えない。常に水で熱を冷ましながら研磨する。

幹に垂直に刃を入れる。長さは一般に一尺三寸（四〇センチ）が目安とされているが、枝などが邪魔にならない限り一尺五寸、二尺二寸と、できる限り幅広く採取する。幹に節などがある場合は、節の所から切り口を入れ、剝がしたときに真ん中にきれいな皮がくるようにする。刃物で断たれた樹皮は、切り口から少し反りかえる。剝ぎ取る範囲を決め、剝離した表皮を指先で軽くめくるように引くと、一回りきれいに剝がれる。その下から淡緑色の鮮やかな内皮の木肌が現われる。

幹の上の方を剝いだら、少し間をあけてその下を剝ぐ。ところどころ枝や節がある

こちらが完成した樺細工の作品だ。木の模様を利用してレイアウトする。

ため、必然的に途中に樹皮を剝がずに残すことになるが、樹勢を衰えさせないための心得でもある。樹皮を剝がされた木は枯れることなく、四、五年かかって再び樹皮を再生し、独特の風合いを持つ二番皮、三番皮として利用される。

山の、生命ある樹木を痛め、暮らしに利用しながら、枯らさないで自然を守り継いでいく知恵こそを、現代人は学ばなければならない。

剝ぎ取られた樹皮は表皮を内側に二つ折りにして束ねられ、日によって数十キロになる荷を背負って山を下る。これは想像以上の過酷な労働である。

採取してきた山桜の樹皮は二、三年乾燥させてから樺細工に使われる。

角館で作られる樺細工は、現在は茶筒や小物入れ、文庫、引き出し物が多いが、古くは印籠《いんろう》や、煙草や眼鏡を入れる胴らん、刀や鉈《なた》の鞘《さや》、曲物など、さまざまな細工物が作られた。

山桜の樹皮は光沢があって美しく、丈夫で

湿気に強い。湿気を嫌う茶や薬、煙草、金物を保護するのに効果がある。

　ちなみに、角館の樺細工は、藩政時代に軽輩の武士たちの内職から始まったといわれ、その技術はマタギの里で知られる阿仁地方から伝わったといわれる。山の狩猟民族であるマタギは、山に自生する山桜の樹皮の特性を早くから熟知し、さまざまな生活用具に利用していた。

　また〝樺〟の名の由来は、古くは桜の皮を〝かにわ〟と呼び、桜の植物名に対して、物を作る材料の名称として区別していたらしく、桜皮《かにわ》が樺《かば》に変化したといわれている。アイヌ語でも物を巻いたりする樹皮をカリンバと呼び、カリンバがカニワ、カンバ、カバ、へと変化したという説もある。

　二、三年乾燥した桜皮はニカワで木地に貼られる。文庫などの装飾性の強いものは、箱の側面や底、内側は一枚皮で貼るが、蓋の表は、職人独自の意匠が凝らされ、細かくカットされて貼り合わせていく。

　細かい切断や縁の仕上げには片刃の切り出し状の刃物が使われるが、刃の角度は職人の使い勝手に合わせて変わる。

　また、ちらし皮など樹皮の独特の風合いを生かす場合は別にして、普段、木地に貼られた桜皮は鉈の刃を立てて外皮を削り取る。

シューッ、シューッと刃が滑ると、その下から、紫色の斑点がある艶やかな肉皮が現れてくる。この「肉皮はだけ」の作業では、左手親指を箱の端に当てて立て、鉈のストッパーにする。刃が縁からはずれると桜皮を切ったり、傷つけてしまうし、鉈が流れて思わぬ怪我をすることがある。こうした何げない所作に熟練した職人の技や心配りがある。

蒸し暑い仕事場で、安杖さんの精魂を込めた作業が続く。文庫一個仕上げるのに十日から二十日かかる。職人の、仕事に打ち込む気迫、気力に頭が下がる。

5 竹細工鉈

岸本一定（福井県越前市）

静寂の中で、「シュッ、シュッ」と竹が擦れる音が響いている。間口四間、奥行一間の玄関の土間をつぶした板張りの作業場。正面の磨硝子の窓に、冬の午後の陽が微睡《まどろ》んでいる。その薄ぼんやりとした柔らかい陽が、竹細工師の肩で戯《たわむ》れている。岸本一定さん（七十四歳）。竹の里、越前若狭にあって、名人と謳われる職人だ。僕自身、道具としての刃物にこだわって鍛冶修業を続ける傍ら、長年竹細工を道楽とする身にとって、憧れの人だ。その密かな思慕《しぼ》の情おさえがたく、はるばる若狭へ訪ねてきた。

若狭湾に沿った丹後街道から内陸側へ約十キロ登った大飯町石山。戸数四〇戸の、静かな寒村に岸本さんの家はあった。

人の心を包むような温和な笑顔が迎えてくれた。作業場に座ると、穏やかさの中に

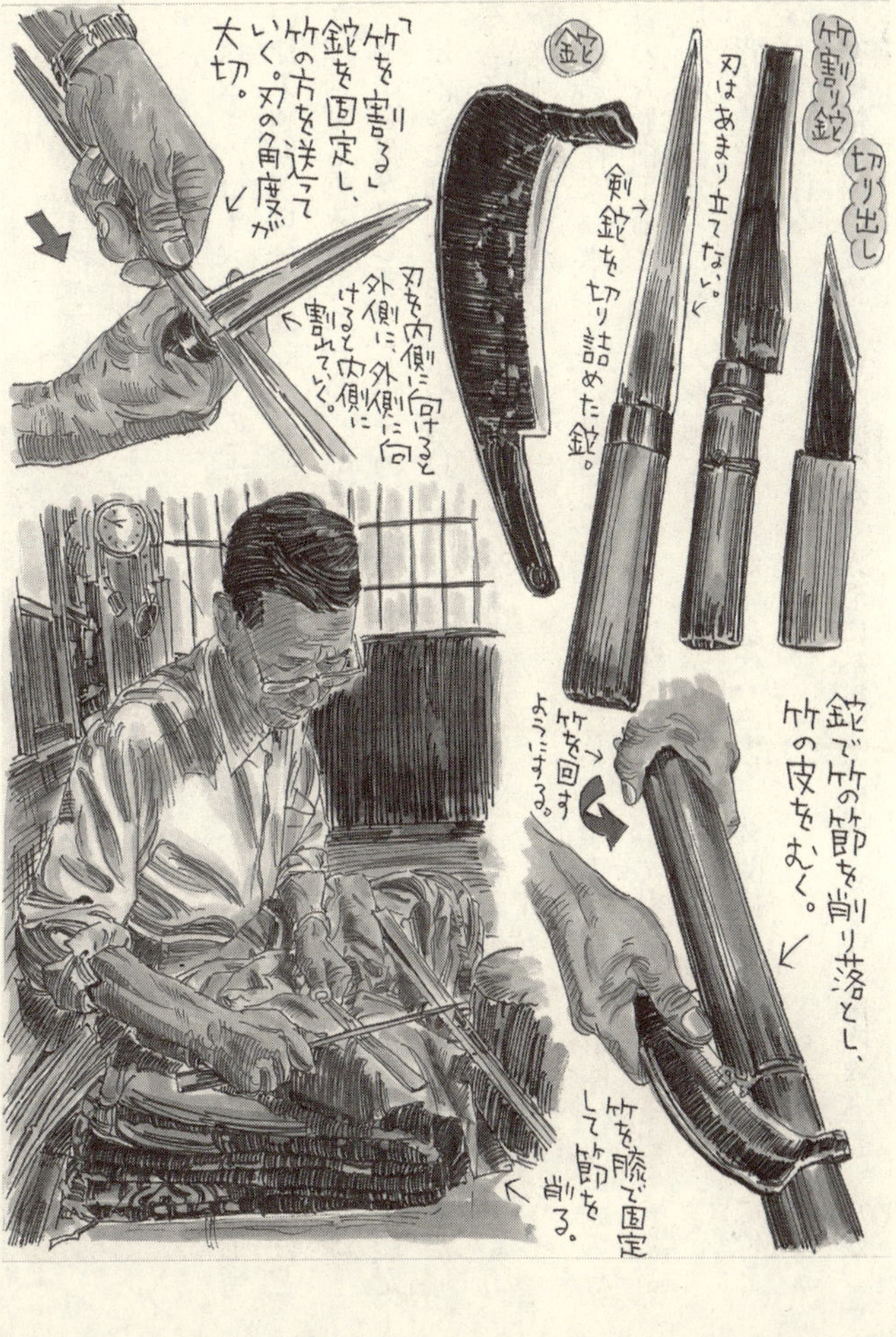

「竹を割る」
鉈を固定し、
竹の方を送って
いく。刃の角度が
大切。
鉈
竹割り鉈
切り出し
刃はあまり立てない。
剣鉈を切り詰めた鉈。
刃を内側に向けると
外側に、外側に向
けると内側に
割れていく。
鉈で竹の節を削り落とし、
竹の皮をむく。
竹を回す
ようにする。
竹を膝で固定
して節を
削る。

一徹な職人の風格が漂ってくる。その背中を奥さんが静かに見つめている。

岸本さんは、生まれつき耳と口が不自由だ。だが、それは障害ではない。個性であり、崇高《すうこう》な人格だ。

岸本さんは十六歳で自立の道として竹細工を選択した。師匠にはつかなかった。旧習の徒弟制度が自分には向かなかった。竹細工は独学、ほかの職人が作った笊《ざる》や籠《かご》をほどき、何度も編み返しながら、目と手で技術を習得した。独自の改良や工夫を加え、新しい手法を編み出していった。この道、すでに五十余年になる。竹細工は岸本さんの天職だ。

岸本さんは長い間、笊や背負い籠、洗い籠、松茸籠などの日常雑器を編んできた。今もそれが仕事の中心であることに変わりがないが、十数年前から竹人形作りという新境地が加わった。

同郷の作家、水上勉氏に熟達した技術を乞われ、氏が主宰《しゆさい》する人形座「竹芸」の専属の人形細工師として腕を振るっている。当初、未経験の仕事に二の足を踏み、固辞《こじ》したが、自分の目で竹人形劇を観て心が動かされ、職人の血が騒いだ。

背丈《せたけ》約一メートルの文楽人形。頭から身体、手足、各関接の部品まで、すべて竹という素材で作る。

神秘性を秘めた竹という素材が、人形に不思議な情感と生命力を吹き込む。だが、

使い古した鉈の数々。職人と道具というのは、まさに夫婦の関係だ。

竹にこだわり過ぎて人形の動きが損なわれてしまう恐れがある。

竹細工師としての技量と同時に、独創性が試される。困難と失敗、試行錯誤の繰り返しが、老境の職人の意地と活力を奮い立たせた。

岸本さんが手掛けた人形は、これまでに一二〇体を超える。その作品は〝竹の精〟と評され、賞賛を浴びている。一九八四年には県から「野の花文化賞」を受けている。

岸本さんが作った竹人形に感動してくれる人たちがいる。

一方で実用的な暮らしの道具として作ってきた笊や籠を、何代にもわたって使い続けてくれる人たちがいる。その一つ一つが人生の確かな軌跡だ。岸本さんの柔和な笑顔と物腰に、齢《よわい》七十余年の人生に対する誇りと気恥ずかしさが同居している。

叩き上げの職人の逞《たくま》しい手が笊を編む。身を乗り出して覗き込む。刃物の扱い方、作業の手順の一つ一つが僕にとって貴重な修業だ。

笊編みに先だって、材料作りをする。材料の竹は毎年、寒の時期に一年分切っておいて、その年のうちに使い切る。寒を過ぎた竹は水分が多く、乾燥するとしなびてしまう。材質が弱く、虫も入りやすい。

丸竹の外側の節を削り落とし、表皮を削る。節を残しておくと、編むときに邪魔になるし、折れやすい。また、表皮をつけたままだと、いつまでも青さが抜けないが、使い込んでいくうちに竹が飴色に変色する風合いが出ない。

鉈《なた》の刃を節に当て、竹を回しながら節を削り、そのあと竹を立て、一方の端を腹で固定して、鉈の柄《え》と先を両手で持って手前に引くようにして表皮をむく。

竹割り作業に入る。道具は竹割り鉈。長年使い込んできた鉈は刃が減って、変形している。いまは剣鉈を切り縮めて使っている。刃に指を当ててみる。刃は立てず、鈍

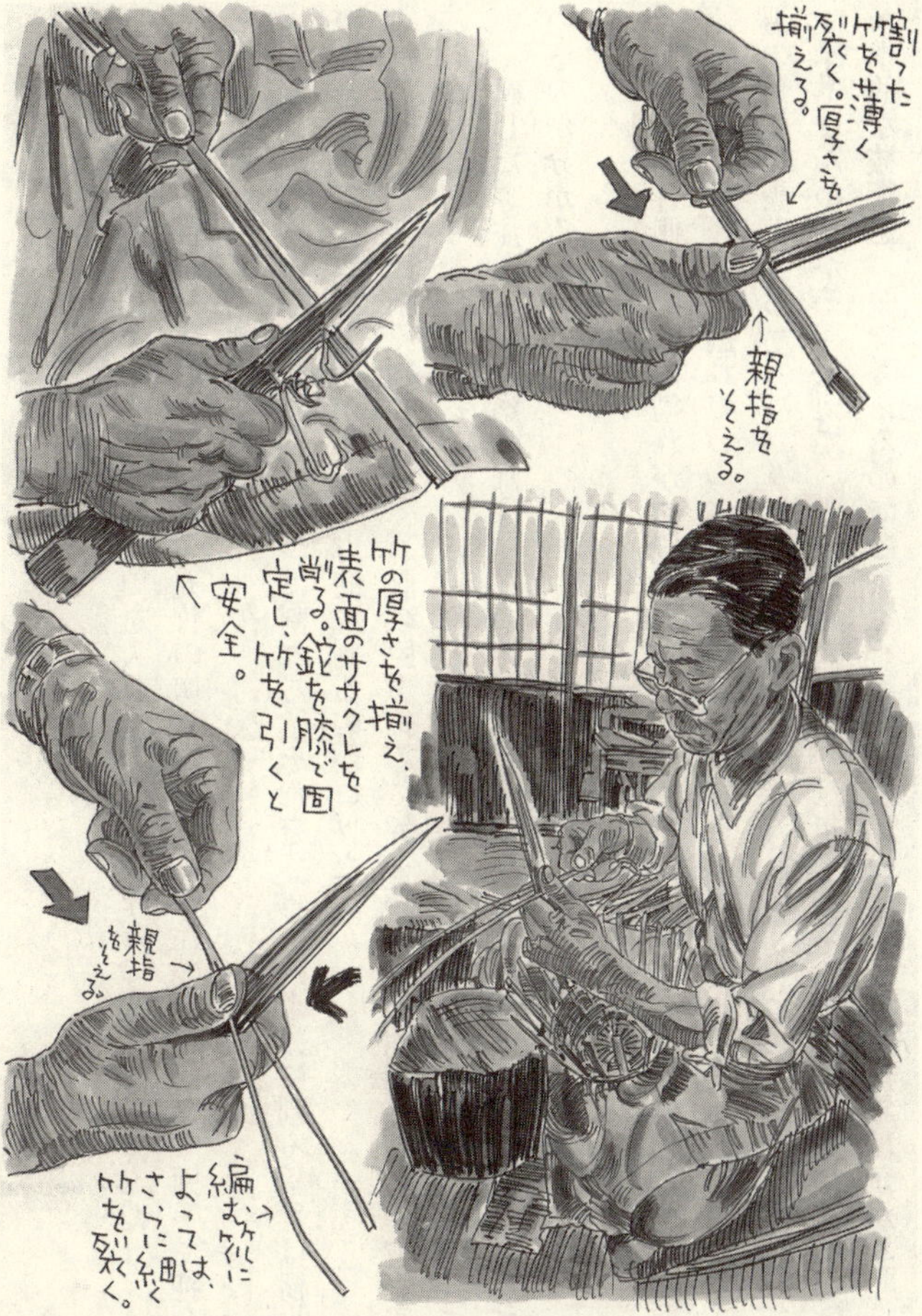
割った竹を薄く裂く。厚さを揃える。
親指をそえる。
竹の厚さを揃え、表面のササクレを削る。鉈を膝で固定し、竹を引くと安全。
親指をそえる。
編む竹によっては、さらに細く竹を裂く。

角にしてある。

「竹は刃で割るんじゃないよ。割り口を入れたら、鉈の厚みで割っていくんだ」

岸本さんの目がそういっている。丸竹の切り口の中心に鉈の刃を当て、両手で押し下げるようにして半割りにする。

「カンッ」と乾いた音を発して二つに割れる。それをさらに四半分に割る。竹は樹木の場合と逆で、必ず上側から根の方向に割るのがコツだ。

割り竹をさらに細く割っていく。腕の脇を締めて鉈を持つ手を固定し、竹の方を刃に向かって送りながら割る。力はほとんど要らない。手元で竹が勝手に裂け広がっていく感じだ。注意深く視察すれば、鉈の刃の角度がつねに割れ筋の中心に向けられているのが分かる。

「鉈の刃が外側に向くと割れが内側に入っていき、逆に内側に向くと外側に割れていく。だんだん一方に割れていって途中で切れてしまうことがある。割れ筋を見ながら刃の角度を調整する」

岸本さんの手がそう教えている。俗に〝竹割り三年〟という。単に竹を割るという基本的な技術を、頭で考えるのではなく、手が覚え込むまでに最低三年はかかる。

そして、その先には、〝編む〟という無限の領域が立ちはだかっている。職人の世界は途方もなく奥が深い。

ちなみに僕の下手の横好きの我流竹細工歴は十余年になるが、いまだその深淵《しんえん》すら覗けない。岸本名人の技をひとつでも盗むつもりで、目を皿にする。

細く割った竹を、今度は皮と内身に薄く裂き分ける。厚みがあると、重なった部分が厚くなって変形するし、編み目が詰まっていかない。

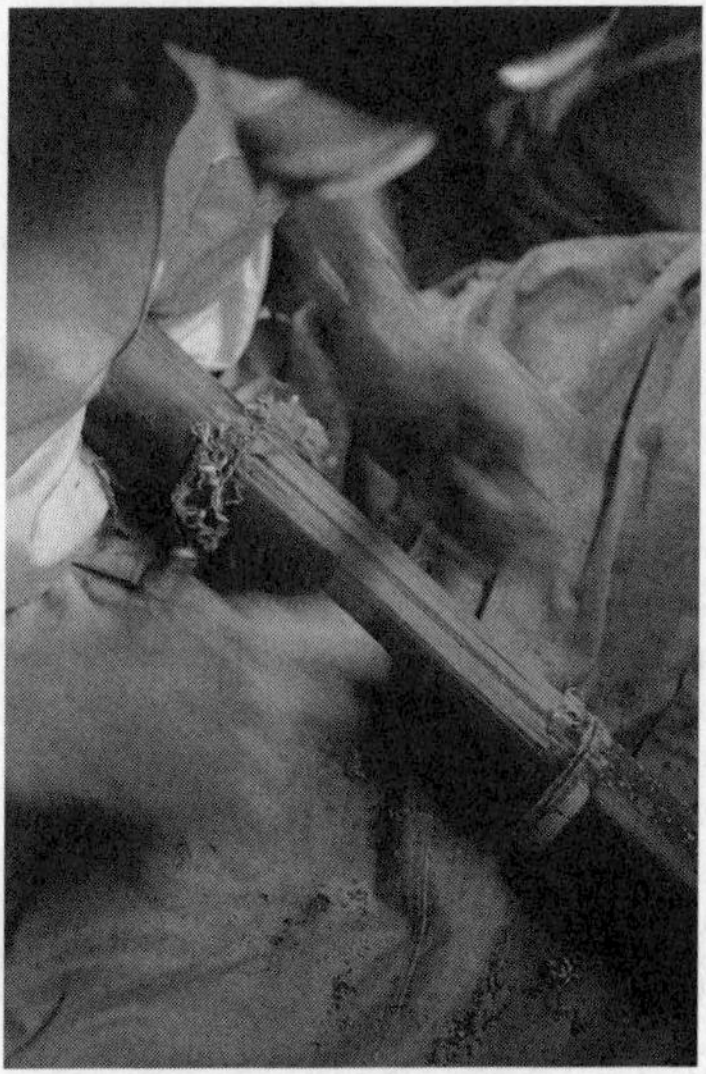
まずは材料作り。鉈で表皮を削る。

また、厚さが均等に揃っていないと、硬い部分と柔らかい部分ができて、形が歪んでしまう。作業は竹を割るときと同じように、鉈を持つ手を固定し、竹の方を送っていく。つねに中心に鉈の刃を当てて、左右に同じ力が加わっていくようにして裂いていく。半分に裂いた竹を、さらに半分、もう一度半分と、だんだん薄くしていく。鮮やかな手捌きに見惚れる。自分の手でその技術を習得したい欲求に駆《か》られる。

作業を中断して鉈を持たせてもらう。普段、家でやっているので、よもや途中で竹を折ったり、切ったりする失態を演じることはないと思いつつも緊張する。名人が目を細めて見つめている。普段通りやればいいと腹をくくる。

作業を始めるやいなや、岸本さんの手が伸びてきて、竹を持つ手の位置を直される。これまで竹の上下を親指と人差し指で挟んで割る癖がついている手を、竹の左右から持つように変えるよう、指示される。

「上下に竹を持つと鉈の刃が親指の先に当たる。それに竹の両端から指で締めるようにすると、竹がクネクネとブレないので割れ筋が狂わない。竹が薄くなるほど、その方が正確にいく」

岸本さんの指がそう諭《さと》している。何気ない作業の中に経験に裏打ちされた技が隠されている。その一つひとつが合理的で、理にかなっている。素人の道楽仕事を手ほどきする名人の表情がやさしい。五十路に足を踏み入れた男が、感激に胸を熱くする。

薄く裂いた竹の表面を鉈で削る。座った膝の上に竹をのせ、その上に鉈の刃を当てる。鉈は動かさない。竹を持つ手を手前に引く。

刃の角度で削る厚みが変わってくる。ケバが取れ、表面が滑らかに仕上がる。笊の骨になる竹を揃え、編み竹はさらに細く、薄く裂いて仕上げる。ようやく下ごしらえが終わる。

岸本さんが笊目編みの笊を、編み始める。

笊の編み方には、四つ目、六つ目、網代《あじろ》、笊目、六つ目潰しなどがあるが、笊目編みは蕎麦《そば》笊などに使われる一般的な編み方。

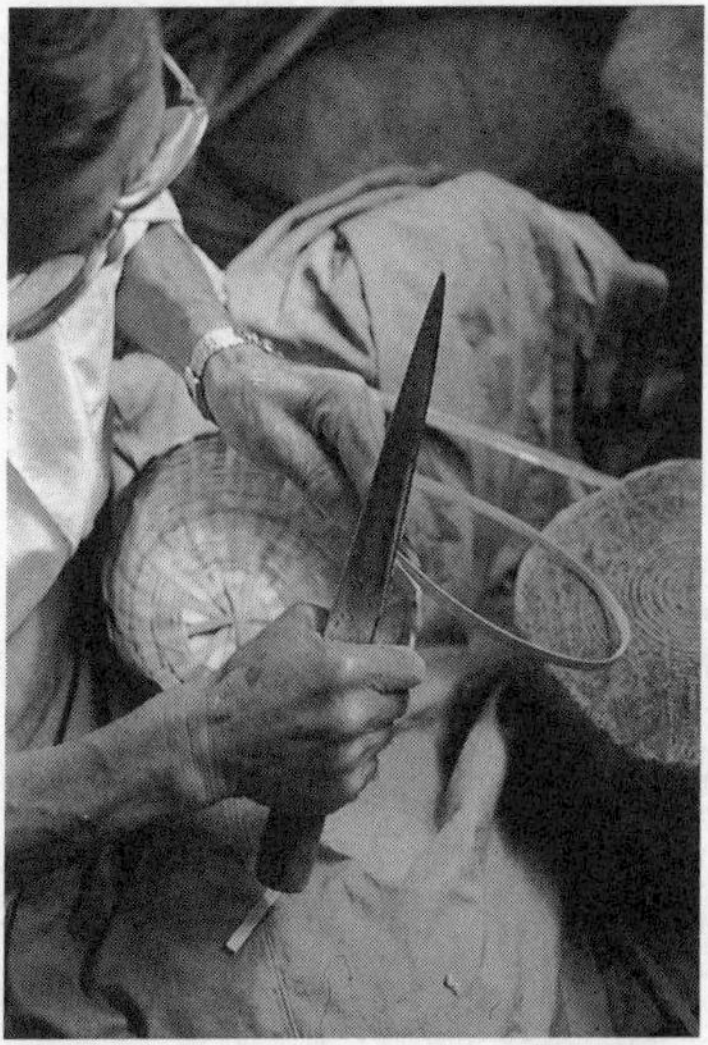

竹の厚みを鉈で調整しながら、編んでいく。

笊は底の中心から編み始める。

笊目編みの場合は、最初六本の骨を中心を揃えて放射状に重ね、二本の編み竹を一目ずらして、骨を交互にくぐらせながら編んでいく。

二本で編んでいくのは骨が偶数だからで、一本だと編み目が揃ってしまって編み進めなくなる。ちなみに一本で編む場合は、骨を一本余分に足し差してやる。また、二本で編むと、ひと編みごとに編み目がきっちり締まっていくので、骨が安定する。二本の編み竹を数段編んだら、六本の骨の間に新たな六本の骨を放射状に差し入れ、一二本になった骨を一緒に編んでいく。底の部分が編めたら、骨を立ち上げながら胴を編んでいく。編み竹の一本が短くなったら、長い方の編み方をひと巻きしておいて、新しい編み竹を足す。二本の編み竹が操《あやつ》られるように宙に舞い、岸本さんの手元で素早く骨を交互にからめ取っていく。その熟練の技に息を飲む。みるみるうちに笊が出来上がっていく。最後に縁の仕上げにかかる。縁の周りに骨を入れ、縦骨を縁の所で折って、そこから半分に剝いで薄くし、先を爪で細かく裂いて横骨を挟むようにして折り込む。さらに、中縁と外縁で挟み、薄く裂いた竹で縁を巻いていく。縁の仕上げは巻口仕上げ。ほかに返り縁、蛇腹仕上げ、野田口仕上げなど、いろんな編み方がある。出来上がった笊を、竹のササラでこすって艶出しをして完成する。岸本さんの我が子に接するように穏やかでやさしい。笑顔が緊張を解きほぐす。

異郷の押しかけ弟子は、名人との抱えきれないほどの会話と教えを胸に充足感に浸りながら、越前若狭をあとにした。

6

ハシナシ鉈

五十嵐勇喜（山形県温海町）

梅雨が明け、本格的な夏を迎えた山は、まだ多量の湿気を含んで蒸し暑い。それでなくても東北の山地は、昼と夜の寒暖の差が激しい。日中の強い日差しによって蒸散《じょうさん》した森の水蒸気が、陽が陰ると急激に冷えて、木々や植物を夜露に濡らす。地元の人たちが山仕事に入る以外、滅多に人が通らない山道を登ると、靴やズボンの裾がぐっしょりと濡れ、中層に澱《よど》んだ熱気に大汗をかく。そして、頭上からは強い日差しとともに、脳髄に染み渡るようなかん高い蟬《せみ》しぐれが降り注いで、軽い目眩《めまい》がする。

夏いきれが充満する山に、時ならぬチェーンソーのエンジン音が響く。例年、梅雨どきの六月下旬から約一カ月間、集中的に行われるシナの木の樹皮を剝ぐ作業が、最終段階に差しかかっている。

この時期の樹皮《かわ》剝《は》ぎは村の男衆の仕事。このあと、女衆の細やかな手仕事を経て繊維に加工され、時が止まる豪雪の冬の機織《はたお》りへと引き継がれる。

山形県温海《あつみ》町関川。日本海側から内陸に深く入り込んだ山形と新潟の県境に接し、朝日連峰の北端、摩耶《まや》山の山麓に集落を形成する農村。戸数八〇戸、人口一七〇人のこの小さな山里は、旧くから「シナ織りの里」として知られてきた。

シナ織りは、山に自生するシナの木の樹皮を剝ぎ、その内皮を細く裂いて繊維を取り、それを糸に縒《よ》って機《はた》にかけて布を織る。

麻《あさ》、葛《くず》、からむし、穀《かじ》、藤《ふじ》などと共に、木綿布発生以前に各地で織られ、衣服や生活用具に使われてきた靭皮《じんぴ》繊維、古代原始布の一種だ。

手軽で大量生産がきく木綿、そして戦後の化学繊維の普及によって廃《すた》れてしまった幻の古代織の伝統技術が、この関川の人たちによっていまに守り継がれてきた。

シナ織りは女の仕事だ。女は忙しい農作業や家事の寸暇《すんか》をおしんでシナ皮を加工し、二メートルを越す大雪に村がすっぽり埋まる長い冬の間、いざり機《ばた》に向かって黙々と布を織った。

男が出稼ぎに出ることが多かった時代に、留守を守り、寂しさを慰める娯楽でもあったが、それで得た現金収入はすべて女の稼ぎになった。

「ハシナシ鉈」片刃で、先端部も刃がたててあるのが特長。三代使い込んだ山の道具。
肉厚約1センチ。
鉈の先で突くようにして薄い側の樹皮を剥ぐ。
テコの要領で樹皮を木から剥ぐ!!。

シナの木を一本丸ごと剝いた樹皮を束ねて持ち帰る。ここからシナ織りの糸を採るまでに、長い細やかな工程を経なければならない。

そして男は、女のためにシナの木の枝打ちや下草刈りをし、田植えが終わると梅雨真っ盛りの山に入って木を伐採し、樹皮を剝ぐ作業に精を出す。

過酷な自然環境の中で、男と女がともに手をたずさえて生きる本質には、単に男尊女卑、あるいは互いに権利ばかりを主張し合う軽薄な風潮とは相いれない濃密な男と女の情念の絡み合いがある。

男はチェーンソーと手鋸《てのこ》、そしてハシナシ鉈《なた》という独特の皮剝ぎ用の刃物を腰につけて山へ入る。

ハシナシ鉈は片刃で肉厚の鉈で、先端部の角《かど》を落として丸くなっており、ここも刃が研ぎ出してあるのが特長。一般の鉈に皮剝ぎの機能を加えた山師《プロ》の刃物だ。

山に入ると鬱蒼《うっそう》とした森の中にシナの木が点在している。

シナの木は青味を帯びた斑《まだら》な樹皮をして、橅《ぶな》に似た丸みのある葉を、いっぱいに繁らせている。

淡緑色の若葉が陽を透して美しい。よく観察すると、木によって大葉と小葉がある。小葉が本物のシナで良質の繊維が採れる。

大葉は同じシナノキ科のオオバボダイジュで、同じように繊維は採れるが品質が落ちる。シナ縄に縒《よ》るにはいいが、シナ織りには使えない。

ちなみに、このボダイジュは、釈迦が樹下に座って悟《さと》りを開いたといわれるクワ科のインドボダイジュとは異種。

シナの木は不思議な木だ。一つの根株から二〇本近い幹がのびて群生している。伐っても、それぞれの切り株からまた新たな芽が何本も伸びる。生長が速く、一〇年もすると伐採ができる。しかも、伐れば伐るほど根株が肥り、何百年も枯れることがない。陽が差さない森の中でも旺盛な生命力を持続する。

そのため、昔は山の境界の目印に植えたりした。また、以前は枝打ちなどの手入れがしやすいように田畑の近くにシナの木を植えたが、戦後、シナ織りが衰退したときに伐ってしまい、いまは山に入らなければならなくなった。

山の中でエンジン音の咆哮《ほうこう》がひときわ高くなり、チェーンソーの回転が上がる。五十嵐勇喜さん（五十九歳）が、山の斜面に生えるシナの根元に足を踏んばって立つ。弓なりに根を曲げて伸びる太い幹の元に刃を当てる。シナ織り用に伐採するのは樹齢一五、六年の木で、直径が二〇センチ程度。それ以上に太い木は繊維が堅い。また、真っすぐの木よりも、曲がった木の方が樹皮の面積が広く、繊維の量が多い。

シナの木の根元にチェーンソーの刃が滑るように食い込んでいく。木質が柔らかく、豆腐を切るように刃が入っていく。木は切り口から細かい木屑を飛ばしながら、背筋を断たれ、傾いた自重を支えきれずに、下側の樹皮を引き裂いて土手下に落下していく。

伐り倒した木を引き出し、枝を払ってから樹皮を剝ぐ作業にかかる。五十嵐さんが腰のハシナシ鉈を抜く。

五十嵐さんのハシナシ鉈は刃渡りが約七寸、幅が約二寸、厚みが三分と肉厚で、裏出しに粗い槌目痕が刻まれている。打ちっ放しのカツラ、樫の柄も太い。武骨で粗野だが、長年使い込まれた筋金入りの風格を漂わせている。

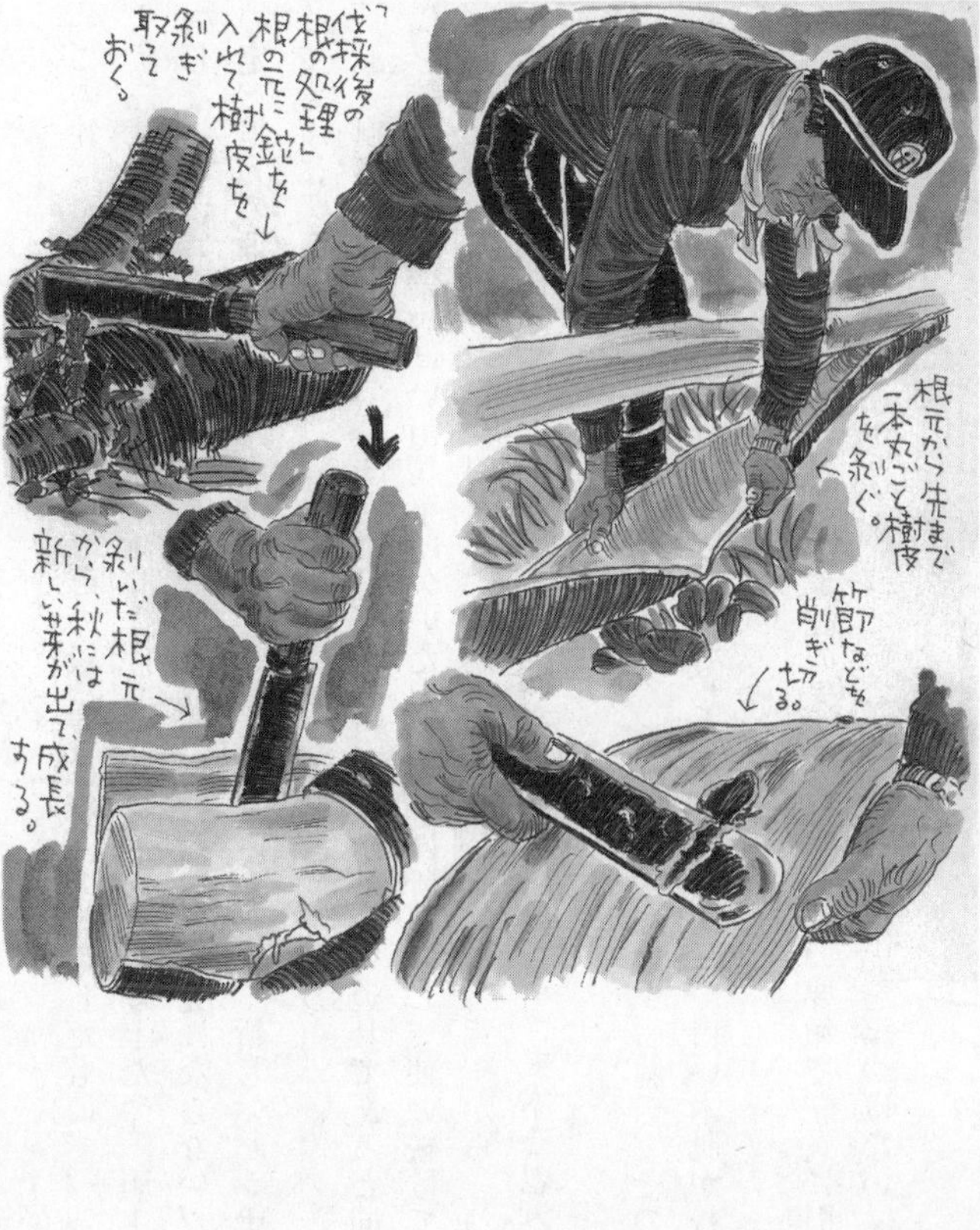
「伐採後の根の処理」

根の元に鉈を入れて樹皮を剥ぎ取っておく。

根元から先まで一本丸ごと樹皮を剥ぐ。

節などを削ぎ切る。

剥いだ根元から、秋には新しい芽が出て成長する。

「この鉈は家のおじいさんが温海町の鍛冶屋に特注で作らしたもので、親父から私と、もう三代使い込んでいる。私が譲り受けてからでも三十年以上たつ。頑丈で使い減りのしない、いい刃物だが、ここまで使われちゃ鍛冶屋は商売にならないだろうね。案の定、地元の鍛冶屋はみんな廃業してしまって、いまじゃ、新しいハシナシ鉈が欲しくても手に入らない」

五十嵐さんにとってハシナシ鉈は、山仕事に欠かせない道具であると同時に親子三代を継ぐ家宝。荒っぽい山仕事で欠いた刃を丁寧に研ぎ直して使い続けてきた。

樹皮は根の方から剝ぐ。剝ぐのは陽が当たらない北側の〝背〟から。ここがもっとも樹皮が薄い。ちなみに樹皮は背の部分から徐々に厚くなって木を包み、反対側の〝腹〟が一番厚い。

背側の切り口からハシナシ鉈の先で突くようにして端を少し剝ぎ、その先端を手で持って薄い方の樹皮を一気に剝ぎ取ってしまう。背側に長く白い木肌がむき出しになる。

さらに剝いだ樹皮の間にハシナシ鉈の先を入れ、テコの要領で左右に引き剝がしていく。ハシナシ鉈の先端が丸くなっているので、角で樹皮を傷つけない。ハシナシの名の由来もこの用途に起因している。

また、片刃であることで刃先がノミのように木肌に沿って深く入っていくが、刃先は樹皮を傷めないように鋭敏に研がない。

ぴったりと木に張りついている樹皮を剝がすのは予想以上の力が要る。片刃の鉈をテコに使って剝ぐのは本来の用途からすれば邪道だ。薄身で、焼きが硬い鉈なら折れる危険がある。

そのため、五十嵐さんのハシナシ鉈は地金が厚く、焼きも甘めにしてある。まさに実戦的な山の道具だ。

厚い樹皮がバリバリと音をたてて剝がれていく。根元から徐々に剝ぎ広げていき、木の先端の方にきたら、再び残った背側に刃を入れて樹皮を離し、最後に樹皮の両端に体重をかけて押して丸ごと木から剝ぎ取る。

腰の鞘にハシナシ鉈を収め、一気に、そして注意深く樹皮を剝いでいく。

剝がれたシナの木は瑞々《みずみず》しく艶やかで、白い木肌が美しい。瓜《うり》のような青臭い匂いがする。

一本丸ごと剝がされた樹皮は、まだ木を抱いているように丸くなっている。五十嵐さんが真ん中を足で踏みながら、丸まった樹皮を開いて平らに伸ばしていく。斑模様の樹皮が巨大な蛇の鞣《なめ》し皮のようだ。

その外皮はゴツゴツと固くてもろい。とても衣服の材料にはならない。繊維として利用されるのは靭皮《じんぴ》、つまり外皮の下にある内皮の部分。それをこの場で剝ぎ分ける。

「あま皮（内皮）剝ぎには刃物を使わない。刃物を使うと繊維を傷つけるので、熟練してくると刃物はあまり使わない。木から樹皮を剝がすときもハシナシ鉈を使わず、適当な枝の先をヘラのように削って使うこともある」

樹皮の根に近い方の端を二つに折り、足で踏む。堅い樹皮の折り目が割れる。それを足で踏んだまま左右にねじると、両端が開いてくる。

開いたら、下の外皮を足でおさえ、内皮の両端を手で持って剝がしていく。メリメリと音をたてながら内皮と外皮が剝ぎ分けられていく。

「おに皮（外皮）とあま皮は場所によって厚みが違う。同じ力が入っていないと一方に深くなったり浅くなったり、途中で切れたりする。その力の加減が難しい」

上の内皮を寝かしすぎて剝ぐと上が厚く、下の外皮が薄くなり、立てすぎるとその逆になる。厚みにムラがあると、あとで繊維をさらに薄く、細く裂いていく作業に手間がかかる。

樹皮は木の上の方になると薄くなっていく。途中で切らないように先端まできれいに剝ぎ分ける。

剝がしたい内皮のところどころに外皮が残っている。節などの跡だ。それをハシナシ鉈で削り取る。鉈を逆刃にして持ち、手前に引くようにして削る。

ハシナシ鉈は片刃。刃を下にして使う方が安全だが、刃が深く入って繊維を切って

樹皮を剝がれたシナの木は、白い木肌が美しい。そして樹皮はまだ木を抱えているように丸くなっていた。

しまうおそれがある。逆刃の刃の角度、力加減など、年季の入った山師の技だ。

剝いだ甘皮は、乾燥しやすいようにヌルヌルとした方を外側にして巻き、背の部分の樹皮で束ねる。外皮は適当な長さに切り揃えて束ね、焚きつけ用に持ち帰る。また、樹皮を剝がれた木は薪《まき》にする。一切の無駄がない。

最後に、伐採したあとの根の処理が残っている。根株は伐りっ放しにしておくと、切り口の近くから秋口には新芽が出て若木に成長するが、冬の大雪で折れてしまう。そのため、切り株の根元ギリギリまで樹皮を剝いでおくと、雪の重みが軽減されて冬を越すことができる。

五十嵐さんが伐採した木の根の回りに鉈を打っていく。一回り切り込みを入れたら、ハシナシ鉈のミネに手をそえて、ノミで突くようにして樹皮を剝がしていく。

シナ織りの樹皮を採るときには、根株から生えている木を全て伐採し、一本一本根元の処理をしておく。

そうするとシナの木は驚異的な生命力で再生していく。シナの木は十年から一五年という短い周期《サイクル》で再利用できる天然素材だ。

「これで男の仕事は終わり、あとは女衆の働きだ」

五十嵐さんが汗で濡れた顔を上げる。ハシナシ鉈を腰の鞘《さや》に戻し、束ねた樹皮を担いで山を降りる。麓の村では女衆が帰りを待っている。

集められたシナ皮は、晴れた日に約一週間天日で乾燥したあと、二日ほど水に浸し、束ねて木灰を入れた釜で一〇時間煮てアクを抜く。釜から出したらサッと水洗いし、両手で揉むようにして一枚ずつ薄く剝がしていく。

内皮の数は年輪と同じで、樹齢に比例する。つまり一〇年生の木なら一〇枚、一五年生の木なら一五枚に剝げる。この作業を「へぐりたてる」という。

このあと川で丹念に洗ってゴミを除き、糠《ぬか》と水を入れた桶《おけ》に二昼夜漬け込む。木灰で煮て黒く変色した皮が鮮やかな色合いになる。

水洗いし、乾燥させた薄皮を家に持ち帰り、指先で細く裂き、一本一本を繫ぎながら長い糸に縒《よ》っていく。

糸の端を爪で小さく裂き、その輪に次の糸を差し入れて縒り込む技術に年季がいる。「へそかき」と呼ばれる玉に巻かれた糸を糸車で縒りをかけながら木枠《きわく》に移し、ようやく織りにかかる。その間の作業は二二工程におよぶ。

山里はすでに秋風が吹いている。そして機にかけられた糸は、ひと冬かけて布に織られていく。雪国の女の細やかな手仕事と忍耐強さが美しい布を織り上げる。

古代原始布、シナ織りは、今や幻のものとなった。しかし、ここ関川の人によって伝統が守られていることは大変頼もしいかぎりである。

シナ布は肌触りがよく、丈夫で型崩れしない。通気性がよくて温かい。かつて、仕事着や山袴《やまばかま》、蚊帳《かや》、シナ布にゼンマイの綿を入れて布団にもした。

また、シナの樹皮で編んだ縄は、雨に濡れても腐らないため、荷役用や、丸太をつなぎ留める縄などに使い、こだしと呼ばれる山籠《かご》の材料にもした。

そして、幻の古代布と呼ばれたシナ布は、いま暖簾《のれん》や帽子、バッグなどに加工されて現代に甦《よみがえ》りつつある。

シナ織りは、かつて選択の余地なく山間辺地に生まれ育ち、生きる手段を山の恵みに頼り、すべてを自給自足しなければならなかった人たちが受け継いできた知恵と技の結晶だ。

そして、ハシナシ鉈もまた、山国の人たちの生業《なりわい》と生き様が生み出した道具だ。ここでは刃物が道具として生きている。無機質な鉄の中に脈々とした血が通っている。

7

野だたら

大野兼正（刀匠、岐阜県関市）

うららの春の戸外に時ならぬ陽炎《かげろう》が踊っている。

陽炎は耐火レンガと練り土で固められた野だたら炉の鉄製継胴の口から、天に向って吐き出されている。鉄を溶かす灼熱の炎の化身は、透けて見える風景をかげろわして、その存在を誇示している。

目を凝らしていると、時おり煙のような赤味を帯びることがあり、小さな火花が混じることがある。かすかな乳白色に濁ることがあり、青味を映すこともある。千変万化の炎の乱舞は、妖しの世界に引き込む。

岐阜、関市郊外加茂郡富加町加治田の、刀匠大野兼正師の鍛錬所の裏庭。

野だたら炉の傍らには野の花が咲き、ふくらみはじめた春野菜の種子を抱いた小さな畑の畝《うね》が並んでいる。羽口から風を送る送風機《ブロア》が蜂の羽音のような音をたてている。

背に川のせせらぎを負い、眠けを誘うような春の陽を浴びた、のどかで平穏な情景は、ややもすると灼熱の炉内で鉄が産み出されていく、激しく、壮厳で神秘に満ちたドラマを忘れさせる。

炎と対峙する大野兼正刀匠の目はやさしい。慈愛に満ちている。

今日、美術刀全盛の刀剣界にあって、なお〝切れる〟日本刀にこだわり続け、自ら伝統的な野だたらを築いて素材となる和鉄、和鋼に固執する一徹な工人の誇りや尊厳、あるいは意地や気負いといったものは、すでに充分に咀嚼《そしやく》しきって固さがない。名工の名に驕る倨傲《きよごう》も匂わない。鉄を鍛錬するごとく、人間が練れている。好々爺の趣きがあって、ともにいて気分が和む。

「炉の炎は一定じゃない。形、色が微妙に変化する。砂鉄が溶けて熱や鋼に還元している。還元炎は透明。燃焼炎は赤が濁る。砂鉄に含まれている特有元素、不純物が燃える赤もある。炎の先に黒い色がつくのが酸化炎。砂鉄が燃えて鉄にならない。赤い火花が飛ぶのは炭が燃えて落ちるとき。炎の表情、炎相は、わたしらで八〇種くらいまでは見分けられる」

事もなげに言ってのける。明かりを遮断した屋内ではない。煌々と陽が差す日中の戸外で炎の微妙な識別をするのは尋常の技ではない。神技に近い。

小だたら炉に松炭を入れ、少量ずつ砂鉄を加えていく。一回の操業に炭は12俵、砂鉄30キロ使う。
炉を壊して取り出した鉧塊。
鉧《けら》塊は約10キロ。赤めて小槌で叩きながら不純物を除いていく。
鉧になりきっていない海綿鉄を再度溶かし、叩いて鋼に作り直す。

彼ら、鉄作りをする大鍛冶は、かすかな炎の違いで炉内の温度変化や、鉱石化学物質の化学反応を的確に読み取る。そして鉧《けら》への還元率を予測し、投入する砂鉄や炭の量を調節する。羽口（送風口）から送り込む空気の量もコントロールする。季節による気温や天候、湿度による違い、原料の砂鉄の種類によっても異なる。

ちなみに、赤目《あこめ》系の砂鉄は一二五〇度から一三〇〇度の比較的低温で還元するのがよく、真砂《まさ》系はそれより少し高温で製鉄するのがいいという。しかも、そうした一連の見極めと作業はほとんど職人の勘で行われる。熟練の技はそこまで高められるものか。驚嘆に価する。

素人鍛冶が立ち入る領域ではない。畏縮する気持ちと、血が踊るような好奇心が心の奥底で喧嘩している。

いままで、下手の横好きで無鉄砲に火をいじり、我流で刃物もどきを作ってきた。そして、結局は素材である鉄や鋼の成り立ちや、個々の特性に無知では、鍛冶仕事そのものが成り立たないことに行き当った。

岐阜の大野刀匠の門を叩いたのは、基本的な和鉄、和鋼の製鉄作業を実体験し、素材について学ぶためだった。だが、未熟な俄鍛冶の許容量をはるかに超えて、難問難題が重くのしかかってくる。頭がこんがらがり、脳髄がたたら炉のように熱を帯び、

炉を崩して、底に育っている鉧を取り出す。緊張する一瞬。

疼きはじめる。そんな心境を知ってか知らずか、大野刀匠は柔和な表情を崩さない。

たたら炉の炎に細かい火花が踊る。炭が燃え、下に落ちた。大野刀匠が動く。箕《み》に切り炭を掬い、炉の口スレスレまで入れる。

炭は松炭。普通一寸角に切る鍛冶炭より一回り大きく切ってある。炭は細かすぎると温度が上がらず、大きすぎると炭と炭の間に空洞ができて温度にムラが生じる。

炭の上に砂鉄を均等に盛る。一回に盛る量は約七〇〇グラム。砂鉄の量は一定ではない。炉の燃え方を見て少しずつ量を違え、挿入する間隔も変ってくる。

一日五時間の操業で砂鉄三〇キロ、炭は約一二俵を使う。また、操業に先立って、炉を乾燥させるために四昼夜火を燃し続けている。

炉は乾燥が不充分だと爆発することがある。消費される炭の量は膨大にのぼる。そして、良質の鉄を養い、育てるために払われる努力と労力は計り知れない。炉に入れられた砂鉄は一三〇〇度前後の炎に溶け、赤々と燃える炭の間をすり抜けて、約二〇分かかって炉底に溜り、鉧《けら》に成長していく。炉の内部で、人間が直接目にすることができない神秘の営みが繰り広げられている。

「そろそろノロを出そうか」

ノロは砂鉄が含有する不純物が溶解分離した鉱滓。金属性の滓《かす》で、炉底に大量に溜る。ノロノロと流れ出ることからノロと呼ぶ。ノロは鍛冶には使えない。「たたら炉は母親の胎内、子宮と同じ。炉の底に溶けたノロ溜りができて、鉧はそこに浮くようにして下から盛り上がるように育っていく。ノロは羊水の役目をする。羊水ってのは少ないと胎児が育たないし、多すぎては溺れてしまう。途中で一、二度出して量を調節してやる。鍛冶は産婆の役をする」

炉の側壁の底に近い部分がタガネで崩される。炉に近づくだけで皮膚が焼かれるほど熱い。タガネの先が炎の色を吸う。厚い土壁に穴があくと、目を射るような灼熱のマグマ溜りがのぞき、炎とともに溶岩状のノロが流れ出る。

火山の破水のようなノロは地面や草の根を焼きながらゆっくりと流れ下る。やがて外気で急激に冷えて黒い塊りになり、ピシピシと砕ける。

ノロを排出した穴は練り土で塞がれる。再び炎が暴れる。炭が入れられる。砂鉄が盛られる。

真向かいにあった陽が背中を暖めるころ、作業が終わる。送風が止められる。火の魔力による長い呪縛から解き放たれたような、心地よい疲労感は、新たな期待と不安が交錯する緊張感へと昂《たかま》っていく。

炉内で、どれほどの量の、あるいはどんな品質の鉧が育っているのか。誰も分からない。三〇キロの砂鉄から一〇キロ余の良質の鉧が産み落ちることがある。お猪口一杯のときがある。全て燃えつきてノロになっていることもある。作業は完璧に行われた。手抜かりはない。ないはずだ。ないと思う。

だが、今日はやけに火の燃え方が早かった。炭や砂鉄の落ち方がいつもより早い。予定より一時間も早く作業が終了している。使用した砂鉄は島根県吉田村産。未経験の素材だ。さまざまな思いがよぎる。不安が増幅する。

「無駄を承知でやらなきゃダメだ。失敗しなければ新しいことは学べない」

大野刀匠は泰然自若としている。余裕は自信に裏打ちされている。師のゆとりは作業にたずさわる全員に伝播する。

炉の一面が崩される。籠《こも》っていた熱気がドッと溢れ出し、喉や目や鼻の粘膜を刺激する。炉底はまだ炭が赤々と燃え、マグマが沸いている。中心の温度はまだ一三〇〇度近くある。顔を近づけると甘酸っぱい匂いがする。

耳を澄ますと、グツグツ、ボコボコと白熱した火が鉧やノロと囁きをかわしている。今日の成果を語り合っているように聞こえる。鍛冶は目で炎の色を確かめ、鼻で匂いを嗅ぎ、耳で火の音を聞く。三つの目がある。

火箸で鉧の塊りが掴み出される。そのまま土手に駆け上がり、川に放り込んで冷やされる。流れの一カ所が白濁し、白煙を上げながらボコボコと噴出し、やがて平静を取り戻す。鉧の塊りは約七キロあった。炉の中にはまだ鉧が残っている。全部で一〇キロを超える。上々の還元率だ。全員に会心の笑みが浮かぶ。歓喜の声が上がる。

しかし、作業はまだ終わっていない。還元された鉧塊は、全部が同質の鋼ではない。炭素分のバラつきがある。還元されきっていない海綿鉄と呼ばれる素鋼も混じっている。ノロや燃えきらない炭も抱いている。

一般に、含有する炭素が一・八から〇・四パーセントまでを鋼といい、それ以下を鉄と区別する。また二・三パーセント以上あるものは銑《ずく》というが、これは鋳物の範疇に入る。こうした違いは炉内の温度や酸素の量で決まる。

同質の鋼を得るには鉧塊を小割選別し、銑は赤めては冷しながら炭素分を減らし、海綿鉄はもう一度、別のおろし炉に入れて沸かし鋼に育てる。これを卸し法、卸し金《がね》という。さらに、これらを火床で八〇〇度程度で赤め、小槌で打ち固めながらなじめを行い、不純物を抜き、炭素量を調節して均一の素材に仕上げる。

金属滓であるノロ以外は全て無駄なく利用する。鍛冶の技術や恐るべし。鉄と対峙する真摯な精神や崇敬に価する。

炉内に盛られた炭の上から砂鉄を入れる。これが次第に溶けながら下に落ち、還元していく。様子をみながら、少しずつ砂鉄を加える。

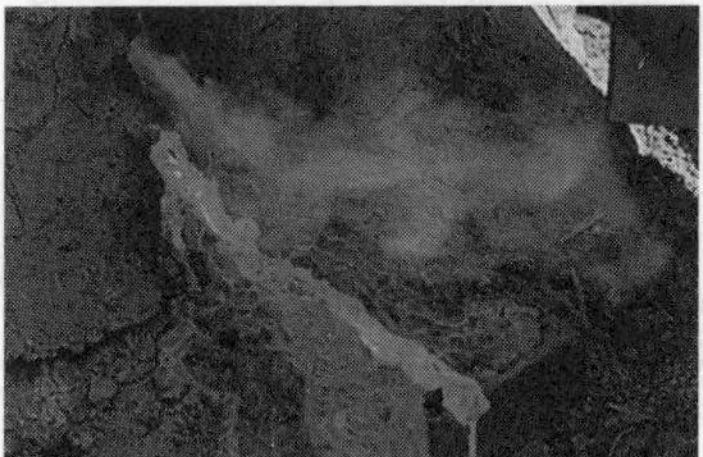

途中、炉底に溜まったノロを少しかきだす。胎内の羊水の役割をするノロは、鉄が生まれるために必要だが、あり過ぎてもいけない。

出来合いの鋼材を型抜きし、あるいは金鋸で切断し、余りを屑としてしまう現在のナイフ・メーカーは爪の垢でも煎じて飲まなければならない。

一般に、たたら製鉄法で作られた和鉄、和鋼は錆ないといわれる。表面に錆が浮いても中まで浸透しない。これは比較的低温による直接還元法によって、鉄中の炭酸ガスや窒素、硫黄などの元素がノロに混って多く排出されるためで、高温でいったん鋳鉄を作り、再度製鋼処理をする洋鋼の間接製銑法では、耐蝕性に大きな差が出る。

炎の表情をみる。微かな色合い、炎に混ざる一筋の火花から、炉の中の鉄の声を聞き分け、その様子を手に取るように把握する。

現在、消えかけた伝統的なたたらの技術は、心ある鍛冶の手によって守り継がれている。細々ではあるが各地でたたらの火の手が上がっている。日本の文化と尊厳の火だ。

「わたしには秘伝はない。他人《ひと》に隠して持っているものは何もない。教わりにくる人には全部教える。伝えて残るものは残ってもらいたいし、さらに独特のものが育ってくれれば本望」

大野刀匠の目が無辜《むこ》な童のように輝いた。心清々しい数日間だった。

8 古代たたら

村下、木原明 （島根県横田町）

島根県奥出雲、横田町。北に波荒い日本海を遠く隔《へだ》て、南に道後山や烏帽子山など千メートル級の中国山脈を背負って岡山、広島と県境を接する山深い里の朝は遅い。ましてや、年を新たに指折り数える厳寒の冬の早朝は、暗く、森閑とした静寂に包まれている。ときおり音もなく降る雪が、雪女の凍える息に舞って、人知れず幽玄世界を演出している。

だが、ものみな凍る山里の一角で、激しい火と、修羅のごとき形相で対峙する男たちがいる。古代のたたら操業に従事する男たち。

村下《むらげ》と呼ばれる長《おさ》、総指揮者を中心に、炭焚、小廻《こまわ》りなどの専門職が統率された特殊技術集団。日本刀の原料となる世界最高の玉鋼《たまはがね》を火の中から生み出す彼らにとって、いまは昼も夜も、冬も夏もない。

一切の世俗のしがらみ、外界を支配する観念から隔絶された、灼熱の炎が燃え盛る空間だけが唯一の世界だ。そこでは、原始以来の神聖な絶対不変の真理であり、人間を含めたすべての物が火を中心にした深遠な曼陀羅宇宙に組み込まれる。時空を超越した神秘の領域が、高殿《たかどの》というバリアに守られてそこに存在している。

㈱安来《やすき》製作所YSS鳥上木炭銑《せん》工場内、日本美術刀剣保存協会「日刀保《にっとうほ》たたら」。高殿と呼ばれる建物の中で、今年初めてのたたら操業が、古式に習って行われている。

日刀保たたらは、古代から奥出雲地方で盛んに行われてきた〝たたら吹き〟による和鉄作りが、洋鉄の量産技術に凌駕されて大正期に消滅したのち、昭和八年から二十年にかけて主に軍需用に一時再興された「靖国たたら」を、財団法人日本美術刀剣保存協会（東京）が昭和五十二年に国庫補助事業として復元した。

ここで生産される玉鋼は、日本古来の日本刀技術を保護する目的で、全国約二百五十人の刀匠に配られている。

高殿の内部は、巨大な生物の胎内のように熱気に溢れ、激しく脈打っている。広い土間の中央は古墳のような小高い丘になっていて、その頂《いただき》に幅一、二メートル、長さ三メートルの炉床《ろしょう》が切ってある。

下灰《したばい》
炉床の燠《おき》を火を叩き締める。
中釜《なかがま》
元釜《もとがま》
良質の粘土を積んで舟底形に築く。
元釜の上に約四十センチに積む。
ホド穴を開ける。片側二十個ずつ。
湯路穴」の上七本。

その上に粘土の炉が築かれるが、いまは前段階の下灰《したはい》作業が行われている。炉床を浅く掘り下げ、灰木《はいぎ》と呼ぶ槇材《まき》を井桁に組み上げて燃す未明からの作業が終わり、燠《おき》になった火が叩き締められる。

村下《むらげ》が灰掻《すみかき》熊手を手にして炉床に立つ。瘦身の後姿が灼熱の陽炎の中で揺れて見える。

村下は木原明さん（六十歳）。昭和二十九年に日立金属安来工場に入社以来、一貫して砂鉄採取と砂鉄製錬に従事し、日刀保たたらの開設と同時に最後の村下といわれた安部由蔵氏の一番弟子として技術を仕込まれ、昭和六十一年に国の選定保存技術保持者に認定された。師亡き現在、唯一人の村下でもある。

木原村下が炉床の燠を掻きならす。燠は空気に触れて、息を吹き返したように赤々と熾きる。顔面や素手の皮膚がジリジリと焼ける。

炉床の正面側と裏面側に四人ずつ作業員が配置される。手には「しなえ」が握られている。しなえは、木質が硬く弾力性があるリョウブの木で作った生木の棒。長さ四メートル弱、重さは約四キロある。

表面側に木原村下自身が表村下として付き、裏面側は渡部勝彦村下代行が裏村下役として付き添う。「灰もそろ」や「灰えぶり」などの木製のならし道具を持っている。

「ほうりゃ」「ほうりゃ」の掛け声を音頭に、しなえが交互に打ち降ろされる。バシッという鋭い音が響き渡る。炉床がボンッと鈍い破裂音を発して、火の粉が炎になって舞い上がる。村下がしなえの列をかいくぐって燠をならすと、間髪をいれずにしなえが打ち込まれる。熟練した職人たちの阿吽《あうん》の呼吸。

下灰作業は通常二〇〇回続くが、村下の「よし」の合図があるまで続行され、ときには数百回におよぶ。顔を火で炙《あぶ》られ、腰が痺《しび》れ、腕が上がらなくなる過酷な作業だ。

しかし、村下に妥協は許されない。複雑な工程の一つでも手を抜けば、製品である鉧《けら》の出来に影響する。失敗すれば事業主に甚大な損害を与え、かつては村にいられなくなった。また、村下は失敗したら腹を切る覚悟で任にあたるといわれた。

ちなみに、たたら操業の全権を委任され、責任を負う村下の名は、古《いにしえ》の時代、製鉄神である金屋子《かなやご》神が出雲の地にふらりと降りてきて、製鉄技術を教えたという縁起を元に、最初は「ふらげ」といったものが後に「むらげ」になったという説がある。

大地より出ずる砂鉄と、火を自在に操《あやつ》って鋼という新たな素材を創り出し、剣や鉄器を鍛える技は神の偉業に等しい。その技を代々受け継ぐ村下は、まさに神の託宣を与えられた聖職者なのだ。

下灰作業の目的は炉床の保温乾燥。炉床は極端に湿気を嫌う。湿気があると火が燃えにくく、火力が上がらない。高温の火力が得られないと、砂鉄の還元がうまくいかない。炉床は人間でいえば生命育《はぐく》む母胎。わずかな湿気と、微妙な火力の管理が、胎児である鉧の生育に影響を及ぼす。

たたら操業が昔からこの時期に行われてきたのも、新玉《あらたま》の年に神に祈念する信仰的観念や、雪で外仕事ができない冬の労働という理由以外に、この季節が一年中でもっとも湿度が低いからでもある。

湿度は外気だけでなく、地面の下からも上がる。下灰作業はそのために行われる。そして、さらに炉床の下は地下約四メートル掘って石組みがされ、消し炭の粉や木炭、松丸太、粘土、砂利、坊主石、荒砂などが幾層にも敷かれ、排水溝や、小舟と呼ばれる保温用の窯《かま》まで設けられている。古墳状の炉床の地下深く、古代の技術の粋と労力を結集した精緻な乾燥装置が隠されている。

下灰作業が終わると、休む間もなくいよいよたたら炉を築く作業に移る。

いつの間にか夜が明け、窓の外は雪国特有の鈍い朝の陽が差している。だが、高殿に籠《こも》る男たちはそれをふり仰ぎ見る余裕はなく、張りつめた緊張感が持続している。

上釜《じょうがま》
炉が崩れないように乾燥したあと、上釜を築く。（高さ約二十五センチ）
木原村下《むらげ》
中釜の乾燥
炉内、炉外に薪と炭を燃して乾燥させる。（約七時間）
たたら炉
高さ一・二メートル、幅一・六メートル。砂鉄と炭を入れて燃やす。
風箱《かざばこ》
鞴場からの送風が風箱に溜まり、「つぶり」「木呂管」を通って炉に送られる。（古くは天秤山といった）
「木呂管」
「つぶり」
「中湯路」

木原村下の一挙手一投足を読み取ろうとする視線が交錯し、指示が下る前に行動に移る。滝のような汗を流し、空中に舞う炭の粉を吸った鼻黒鼬《いたち》の男たちの、キビキビと立ち働く姿が美しい。

男たちの中には三人の刀匠が混じっている。日本刀の素材である玉鋼の成り立ちから学び直そうとする気概が漲《みなぎ》っている。

炉床の底に炭灰を敷いて平均に叩き締め、さらに焼粘土を篩《ふるい》にかけて撒《ま》く。幅約一五センチ、長さ一・二メートルの中板を二枚、炉床の中央に縦に並べる。この中板がたたら炉の底の大きさになる。

高殿の一角にある土町《つちまち》という場所で釜土が練られ、運ばれてくる。

たたら炉は、下から「元釜《もとがま》」「中釜《なかがま》」「上釜《うわがま》」の順に築かれるが、元釜は直接銑ができる場所なので、とくに良質の粘土が選ばれる。釜土は充分な粘性と、一六〇〇度に達する火の温度に対する耐火性が必要なだけでなく、砂鉄と反応して溶媒剤の役を果《はた》す。

たたら製鉄は、粘土で築いた炉の中へ砂鉄と木炭を交互に装入し、風を送って燃す。砂鉄は高温の熱で溶けながら、炎と木炭をすり抜けて底へ降りてくる。

その際、木炭の持つ赤熱の炭素と、発生する一酸化炭素ガスによって、砂鉄の中の酸化鉄を分離する。これが還元。

中釜を積み上げる途中にも、木原村下の木呂管を付けるためのホド穴を調整する。

一方、炉壁に含まれている粘土や砂は熱で溶け、分離した砂鉄の酸化鉄やチタンなどの不純物と化合して滓《かす》となって炉底に溜まる。これをノロ、あるいは鉄滓《かなくそ》と呼び、炉底の横の湯路《ゆじ》の穴から流し出しながら、良質の玉鋼だけを炉の中で育てる。

釜土の良し悪しは操業に大きな影響を与えるため、粘土の選び方、混合の割合は昔から村下の秘伝とされてきた。

炉床の底の中板に粘土の塊をのせて固定し、中板と両側に置かれた筋金の間に「はぐれ」と呼ばれる釜壁の溶解した塊を二列に並べていく。

筋金は鋳物製の長い角棒状のもので、これがたたら炉を支える土台になる。

次に、炉床の表面と裏両側に「トモ木」という木槌《づち》状の木型を三個ずつ設置し、その上に粘土をのせて固定する。トモ木は元釜が完成すると抜き取られ、その穴から操業中にノロが流れ出す。

ちなみに中央の穴を「中湯路」、両側の穴を「四つ目湯路」といい、四つ目湯路は最初、炉内に貫通していない。

操業の初めはノロは中湯路から出るが、操業が進んで鉧が成長してくると炉壁が侵食されて痩せてくる。ノロの量も多くなってくる。その際に中湯路を粘土で塞ぎ、四つ目湯路を抜いて流出させる。

粘土塊が続々と運ばれて元釜が築かれる。炉底の中板を避けて、内部が舟底形になるように壁が積み上げられていく。

上部の炉壁の厚さが測《はか》られ、墨を塗った麻紐の「水縄《みずなわ》」を張って墨が打たれる。水縄は、長い距離に直線を引く「墨壺」の原型で、エジプトのピラミッド建設に使われていた記録がある。

炉の形が決まると「釜がえ」と呼ばれる木製の鍬《くわ》で余分の土を削り取り、中湯路のトモ木と中板を取り除くと、ようやく元釜が完成する。湿った粘土が炉床の熱で温められて濛々《もうもう》とした湯気の中での作業は、男たちの身体からまた大量の汗を絞り取る。

一息つく間もなく、中釜用の粘土が練られる。その間に木原村下と渡部村下代行の二人が元釜の両側にホド穴を明ける。

ホド穴は鞴の風を炉内に送るためのもので、鞴は炉の両側に一個ずつ設置してある。

ホド穴は片面二〇個ずつあける。穴は炉の中心から左右に放射状に広がり、外側から炉内に角度をつけて開けられる。

「おいだし」「ふきさり」「しらべざし」と、太さ、長さの異なる円錐形の欅《けやき》の棒で、外側から一気に抜くが、その角度や高さは狙いから寸分たがわない。熟練による勘の技だ。

炉内に抜かれたホド穴は小さい。これは最初は釜土が湿っているため、小さい穴から強い風を送って火力を上げる狙いがあり、乾燥の加減を見て穴の大きさを調節する。また、外側の穴が大きく、楕円形をしているのは、送風管を繋いだあと、上部の穴から内部の火の状態を見るためと、炉壁が溶けて塞がった穴を開け直し、送風を調整するためのもので、操業中は木栓を差し込んで塞いでおく。

中釜作りが始まる。粘土塊が運ばれ、元釜の上にブロック塀のように積み上げられる。中釜を一枚壁にしないのは、炉壁が乾燥しやすいのと、操業が終わったあとに炉を崩して鉧を取り出しやすくするための工夫だ。

粘土塊が三、四段積み上げられ、余分の土を削り取って泥状の粘土を塗って壁面を仕上げる。

炉は床から一メートル程の高さになっている。このころには、高殿の外は娑婆《しやば》の時間が規則正しく過ぎて、夜に移行している。だが、高殿の中はゆるやかな時の刻みに支配されている。

土間の隅で大量の炭が燃やされている。猛烈な臭気がたちこめ、火がバチバチと爆《は》ぜる。薪《まき》が揃えられ、炉の乾燥の準備が整っている。

炉は、一度に上釜まで築いてしまうと、重さで炉崩れする可能性があるので、中釜の段階で素焼きの状態に焼き固められる。

炉の内に薪が立てかけられ、種火用の炭が入れられる。さらに炭と薪が大量に充塡される。外壁の周囲にも炭と薪が積み上げられる。

濛々たる煙と強烈な臭気が充満する。天井に昇った煙は、煙抜きから吹き返す風で攪拌《かくはん》され、逆流して頭上から降ってくる。喉が痛くて咳が止まらない。修験道の南蛮燻《なんばんいぶ》し

目に染みて涙がボロボロ出てくる。

そのままの難行苦行。

中釜の乾燥は一七時間続く。村下は眠らずに一晩中、炉の管理にあたる。

翌朝、炉が焼き上がる。大量に入れられた炭薪が燃えつきて灰になっている。

炉壁が熱を含んで熱い。ホド穴からは熱気が吹き出している。燃え滓《かす》や灰が取り除かれ、上釜作りが始まる。中釜と同じように粘土塊が積み上げられ、縁《ふち》と壁《かべ》が仕上げられる。再び炉内に炭が入れられ、乾燥させる。

元釜・中釜が乾燥した翌日、ひび割れを点検する。この作業が終了すると、上釜を築く作業が待っている。

その間に、作業は送風管の設置に移っている。送風は、別棟の鞴場《ふいごば》で四挺の鞴でおこされた風が、長い管を通ってたたら炉の両端にある土作りの「風箱《かざはこ》」に送られる。風箱は、かつてこの場所に足踏み式の天秤鞴《てんびん》が設けられていたことから「天秤山《てんびんやま》」とも呼ばれる。風箱の炉側の真ん中には風の吹き出し口があり、そこから片側二〇本の送風管がホド穴に繋がれる。風箱の吹き出し口に「鰐口《わにぐち》」と呼ばれる扇状の箱が取り付けられ、それを板と粘土で覆って「つぶり」を作る。

つぶりは小型の風箱で、そこから「木呂管《きろかん》」という送風管を設置する。木呂管は本体が竹で、先端に鉄製のキャップがはめられ、その部分がホド穴に連結される。

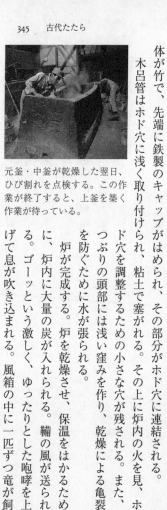

木呂管はホド穴に浅く取り付けられ、粘土で塞がれる。その上に炉内の火を見、ホド穴を調整するための小さな穴が残される。また、つぶりの頭部には浅い窪みを作り、乾燥による亀裂を防ぐために水が張られる。

炉が完成する。炉を乾燥させ、保温をはかるために、炉内に大量の炭が入れられる。鞴の風が送られる。ゴーッという激しく、ゆったりとした咆哮を上げて息が吹き込まれる。風箱の中に一匹ずつ竜が飼われているようだ。炎が激しく舞い踊る。

作業はこれから「湯立《くがだち》の神事」を経て、砂鉄と木炭が繰り返し投入されて、三昼夜不眠不休のたたら操業へと突入する。

木原村下《むらげ》が炎を凝視している。灼熱の火に乾いた眸《ひとみ》の中にも小さな炎が踊っている。炎の舌の色で母胎である炉の健康状態や、腹の減り具合を洞察する。

これから三昼夜、不眠不休の操業によって無事に玉のような鋼《はがね》を産み出せるかどうか、その成否はすべて村下の双肩にかかっている。

操業場である高殿は、神祭を司る「神殿《こうどの》」が転じたものといわれ、現在の日刀保たたらは、かつての出雲の大鉄山師《てつざんし》(操業主)であった卜《ぼ》蔵《くら》家の角打《かくう》ちと呼ばれる高殿の形式を踏襲しており、ほぼ四角い作りになっている。

高殿の内部は、正面中央に金屋子《こ》神の神棚があり、その真下が砂鉄が置かれる「砂鉄町《がねまち》」。両肩の隅に村下が座る「村下座」がある。そして、それと向き合う形で反対側の両端に炭置き場の「炭町《すみまち》」、真ん中に釜土を練る「土町《つちまち》」が配置されている。

こうした配置《レイアウト》は合理的な作業システムから定着したと同時に、その背景に信仰的な観念が秘められているようにも思える。意識を浮遊させて全体を俯瞰《ふかん》すると高殿が何やら人体を暗喩しているように思えてくる。

「湯立《くがだち》の神事」
「鉄屋子《かなやご》神」の前で湯を釜で沸し、湯を笹につけて「御祓い」する。
「炭焚職」表、裏に一人ずつつく。
火入れのあと、たたら炉に木炭を入れる。炉壁を山に盛り、中心部は谷状にする。
「種鋤《たねすき》」で砂鉄を炉壁に沿って帯状に装入する。
「村下《むらげ》」たたら操業の責任者。表村下、裏村下がいる。

金屋子神の頭に向いて、その喉元《のどもと》に砂鉄が置かれ、両肩に村下、両足に炭、股の位置に土がある。そして高殿の中心、万頭型のふっくらした盛り土は妊婦の膨れた腹部、その上にポッカリと口を開ける炉は、胎児を産み落とす子宮を連想させる。高殿は、豊穣をあらわす「懐妊した地母神」の姿を地面に映しているのではないか。そして、砂鉄も炭も土も大地から産するもので、神聖な火は太陽の象徴。天地の循環、交わりからすべての物質の生命が生まれ出ずる。

火入れに先だって行われる「湯立《くがだち》の神事」は、金屋子神の前で湯を釜で沸かし、この湯を笹につけて、たたら炉、砂鉄町、炭町、土町、鋼造場《はがねつくりば》、鞴場、村下をはじめ従業員、関係者にふりかけてお祓いするが、この清浄な湯は産湯《うぶゆ》を想起させる。炉に盛られた炭の山が業火に侵食されて沈み、炎が高くのびている。頃合いを見て砂鉄が装入される。

砂鉄の装入は村下が行う。炉の中央を境として表村下、裏村下が作業を分担し、「種鋤《たねすき》」と呼ぶ木製の鋤で砂鉄町から砂鉄を掬い、炉壁に沿って帯状に装入する。種鋤一杯の砂鉄は平均四キロ、それを表村下、裏村下が二杯ずつ入れる。そして順調になると八杯から十杯の装入となる。

使われる砂鉄は真砂砂鉄《まささてつ》。花崗岩の風化した地層から産出する。土壌中の含有量は少ないが、リンや硫黄、銅、チタンなどの不純物が少なく、優れた鉄の原料になる。出雲地方の特産。この地がたたら製鉄の起源として発展し、いまなお、世界最高品質の玉鋼《たまはがね》を生産する原因がここにある。

真砂砂鉄は、古くは川底に自然に溜ったものを採ったが、慶長年間以降は「鉄穴流《かんななが》し」という独特の方法で採取された。

鉄穴流しはいわゆる水洗比重選鉱法で、山の鉱床を崩し、長い水路に土砂を流し、比重の重い砂鉄を沈殿させて採る。

だが、長い伝統を持つ鉄穴流しも、河川に土砂が流出し、水質汚染、洪水などの被害を考慮して、現在は磁力選鉱によって採取されている。

ちなみに、砂鉄には真砂《まさ》砂鉄の他に赤目《あこめ》砂鉄がある。赤目砂鉄は主に塩基性の土壌から産出し、鋼を造るには向かないので、主に鉄を造るために使われてきた。東北地方が主産地で、南部鉄器の原料などが有名だ。

真砂砂鉄は赤目砂鉄と比べて温度を上げても溶けにくく、還元されにくい。そのため、炉に砂鉄を入れる加減、炭の量、時間、鞴の送風など、温度管理が難しく、村下の熟練した勘が要求される。

砂鉄の装入が終わると、村下の合図で炉に炭が入れられる。表、裏に分かれた炭焚職二人が「炭取り」の箕《み》に炭を入れ、砂鉄と同様に炉壁に沿って入れていく。炉壁の周囲は山に盛り、炉の中心部は谷状に窪みをつけるように入れて、「炭えぶり」という用具でならして形を整える。

炭は、俗にたたら炭と呼ばれ、主にクヌギ系の木を焼いて作られる。普通の木炭と異なり、完全炭化していないのが特徴。その理由は、早く燃やすためである。

炭を入れると、バチバチと火花が爆《は》ぜて燃えていく。炉の周囲は赤い炎が立ち、真ん中は青味を帯びた炎が吹き出している。

炉の周囲で妖精のような陽炎が遊び、天井から煤《すす》の混じった熱気が降ってくる。その激しい炎と熱気の中で木原村下は立ちつくし、炉の微妙な変化に気を配る。一時も気が抜けない。

その間も、炭焚職は次の作業に備えて、炭の粉を吸いながら黙々と炭を割っている。言葉はほとんどない。すべてが阿吽《あうん》の呼吸で作業が進む。

半時《はんとき》ほどすると炉の中の炭が燃焼して沈んでくる。「前ごしき」と呼ばれる長い柄の先に長方形の薄い木製の板がついた道具で炭の表面を軽く叩いて平らにならし、再び砂鉄が装入される。続いて炭が装入される。

操業が進むと、「ノロ」と呼ばれる鉄の滓《かなくそ》、鉱滓が湯路《ゆじ》穴から流れ出る。最初は真ん中の「中湯路」から、のちに両端の「四つ目湯路」からノロを流出させる。

炉の底に玉鋼の原料である鉧《けら》の塊が育っている。
「ホド穴の調整」片側二〇個ずつ、送風用の木呂管《きろかん》の上にホド穴があり、そこから炉内を観察する。「ホド突き」で突いて詰ったノロを除く。

炉の中では、砂鉄が一六〇〇度に達する高温で水飴のように溶けながら、炎と炭を潜り抜けて底へ降りていく。

操業の最初は砂鉄に砂や水分が多く、約二時間ほどかかって底に降りてくるが、操業が進むにしたがって鉄分が多く水分の少ない砂鉄が使用されるので約一時間で底に着くようになる。その砂鉄の混合も村下の秘伝とされてきた。

高温の砂鉄は、炭の炭素と、発生する一酸化炭素ガスによって酸化鉄などの不純物を分離し、鋼に還元される。

だが、操業一日目はまだ鋼を作らない。核になる部分を作り、炉壁の内側を侵食させて、蓄熱する作業が行われる。そして、充分に炉内の温度が上がり、炉の底にマグマ溜りの胎盤が準備されたところで、純度の高い砂鉄が装入される。

そのときに熱で溶けた炉壁の粘土や砂が、砂鉄の酸化熱やチタンなどの不純物と化合して滓《かす》となって、炉底に溜まる。

これをノロ、鉄滓《かなくそ》と呼び、炉のしたの湯路《ゆじ》の穴から流し出しながら、良質の玉鋼の元になる鉧《けら》だけを炉の中で育てる。

砂鉄と炭の装入は、ほぼ三〇分ごとに繰り返される。一回の操業を「一代《ひとよ》」と呼び、三昼夜、約七十時間かけて行われる。

　一代に使われる砂鉄の量は約一〇トン、炭は一二トンに達する。それで出来る鉧は三トン前後。鉧は炭素量や品質によって玉鋼一級品から、卸し金用まで九種類の等級に分けられるが、大雑把にいって日本刀約五〇〇振り分に相当する。

　砂鉄と炭が繰り返し装入される。その間にも村下は炎の状態を見ながら、ホド穴を調整する。

写真は中湯路からノロを流出させている。この２日間後に、目的の玉鋼ができる予定。

　ホド穴は、炉の両端に送風のために二〇本ずつ放射状に接続された木呂管の上に一個ずつ開けられている。普段は木栓で塞がれているが、これをはずして顔を近づけると炉内が覗ける。覗くと、驚くほど明るく輝く小さな満月が目に飛び込んでくる。一瞬にして眸を貫《つらぬ》くような強烈な火だ。

　このホド穴から見える形が満月の

形で黄輝色をしていれば、砂鉄の量や、溶解の状態が順調で、赤黒く見えるときは砂鉄の量が少ないか、多すぎる。

また、溶けた鉱滓がホド穴の先端に付着すると、送風が妨害されて火力が上がらない。鉧の生成を阻害する。そのため、絶えずホド穴を観察しながら、「ホド突き」という鉄製の棒で突いて鉱滓を除いてやる。

この作業を繰り返す村下は強い光に目を焼かれて視力が落ちる。各地に祠られるたたら神や鍛冶神に隻眼《せきがん》が多いのもそのためだ。

操業が進むと鉄の滓である鉱滓が出はじめる。これを俗にノロといい、最初に出るノロを「初ノロ」という。

操業が進み、鉧が成長してくるにしたがって舟底型をした炉壁が侵食されて痩せてくる。ノロの量も多くなってくる。その際に中湯路を粘土で塞ぎ、両側の四つ目湯路を抜いて流出させる。

操業二日目に入って、四つ目湯路が抜かれる。ノロが流れやすいよう盛り土の傾斜を利用して浅い溝が掘ってある。

左右の湯路穴から高温の炎が吹き出し、ドロドロに溶けたノロが流れ出してくる。

ノロは粘性が強く、固まりやすい。湯路穴が塞がると、「湯はね」「鉤《かぎ》湯はね」「鉄《かな》又《また》」などの道具で突き崩し、あるいは掻き出してやる。猛烈に熱い。顔や手の肌がジリジリと焼ける。

穴が通ると黄金色の輝きを強め、炎を吹く。半眼を開けた竜の双眸のように見える。流れ出たノロがU字型に繋がって巨大な舌に見える。流出したノロは次第に外気に冷えて黒い塊と化し、ピシピシと音を立てて割れていく。

高殿の内部は灼熱の炎で焼かれた空気が充満している。目が痛く、喉が干《ひ》上《あが》ってくる。熱く、苦痛でいながら、その一方で不思議と忘我の心地よさがある。

火は人間を陶酔に引き込む魔力がある。そして鞴の送風のゆるやかで規則正しいリズムは、母親の胸に抱かれたような安心感があって眠りに誘う。

三日目に入って操業はクライマックスに近づいている。

最初、舟底形をした炉底の幅が一五センチ程度だったものが、三日間の操業の間に侵食されて一メートルにも広がっている。

たたら炉の基礎部である元釜の厚みは一〇センチ以下に薄くなっている。炉壁を通して内部の火が透けて見える。炉内に巨大な鉧が育っている。

湯路穴から流れ出るノロの破水が多くなり陣痛が始まっている。誕生が近い。

村下をはじめ全員が、炉壁を通して聞こえる砂鉄の焼ける音や、木呂管を通る呼吸音に気を配り、炉壁が破裂しないように細やかに介添えをして誕生の瞬間を待つ。

そして、これ以上炉が持たないギリギリの状況で送風が停止し、三昼夜にわたる操業が終了する。高殿の内部に数日ぶりの静寂が訪れる。鼓膜の奥で宇宙の芯音のようなかすかな耳鳴りがする。耳を澄ますと、炉の内部でジュクジュクと鉄が沸いている音がしている。鉧の産声。

鉧出しが始まる。木原村下の合図で男たちが一斉に動く。送風装置であるつぶり台が壊され、木呂管が取り除かれる。別棟の鞴場から送られてくる風を止める。天秤山《てんびんやま》の送風口が塞がれる。

炉の正面と裏面の壁に「はんがけ」という槍《やり》のような道具で突いて溝を入れ、炉壁を崩していく。激しい熱気と炎が溢れ出してくる。

木原村下以下数人の男が天秤山の上に上がり、「大かぎ」という道具を側面の炉壁に引っ掛けて引っ張り、上釜《うわがま》、中釜《なかがま》の順に崩していく。吹き上がる猛烈な熱気と炎に焼かれて、男たちの顔が阿修羅の形相に苦悶する。露出した皮膚がやけ、目の粘膜が乾く。開け放たれた高殿の両壁面から吹き込んで来る外の冷気が熱気に押し戻されながら、高殿の天井近くで攪拌《かくはん》され、粉塵を頭上から降らせる。

炉が破壊されると、炉底から巨大な鉧の塊が顔を出す。長さ二・七メートル、幅一

鉧《けら》出《だ》し
炉の正面と裏面の炉壁を壊す。同時に送風装置である「木呂管」と「つぶり」を撤去する。

正面と裏面の壁を壊したあと、数人が「天秤山」の上から「大かぎ」を使って側面の壁を崩す。巨大な鉧が現われてくる。
「天秤山」

メートル、厚さ三〇センチ、重量が三トン近くにおよぶ巨大な胎児だ。原始の火が産んだ胎児の素顔は、あまりにも武骨で猛々しく憤怒《ふんぬ》の炎に包まれている。

鉧の表面に残った木炭の山が、外気に触れて再び赤々と熾《お》き始める。赤熱した木炭を「しわりおし」という道具で崩し、「金《かな》えぶり」という道具で天秤山側に掻き集める。

掻き集められた木炭は藁《わら》をかけて燃やされ、その藁灰で保温されて、次の操業の下《した》灰《はい》用に利用される。これを「座り木炭」と呼んでいる。

座り木炭が掻き集められたあと、「灰かき熊手」で鉧の上に残っている残滓《のこりかす》や溶着した釜壁を取り除いて清掃され、その場で一、二時間放置して自然冷却される。鉧の表面が冷えて黒い肌が現われてくるが、内部はいつまでもジュクジュクと沸いている。

高殿に男たちの歓喜の声が湧き上がる。澱んだ疲労がこの一瞬に吹っ飛んで、興奮と充足感に包まれる。どの顔も明るく輝いている。三昼夜、精神を擦り減らし、肉体を酷使してきた者だけが味わえる至福の時だ。

木原村下以下全員が、操業を見守ってきた金屋子神の神棚に感謝の礼を捧げる。神と人間の結びは、こうした素朴な信仰の内に生きている。

崩した壁の塊も次の築炉に使われる。
炉壁を完全に撤去してから、鉧の上に残っている赤熱した木炭を掻き落として清掃する。集めた木炭は次の操業の下灰に使われる。
鉧を炉床から持ち上げ、丸太のコロを入れて引き出す。
鉧は約二・五トンの重量がある。

最後の鉧出しが始まる。雪の中をコロにする丸太が運ばれてくる。鉧の位置から高殿の外へ続く傾面に丸太が並べられる。鉧の端が浅く掘られ、巨大な鉤手《かぎて》が掛けられ、ウインチで引き上げられる。

コロをかまし、チェーンに掛け替えられて、再びウインチで引き出される。巨大な鉧の塊が丸太のコロに乗ってゆっくりと移動していく。

鉧と炉床《ろしよう》の間に空気が入ってメラメラと燃え上がる。一瞬にしてコロに火が移る。鉧は炎を吹きながら傾面を滑っていく。

高殿の外に引き出されると、鉧が発散する熱で雪景色に陽炎が揺れる。降り続く雪が鉧に触れては溶けていく。鉧は雪の中でそのまま自然に冷される。

火入れから三昼夜、さらに下灰や築炉の作業を加えれば、六、七日におよぶ長いたたら操業が全て終了する。

鉧はこのあと、大銅場《おおどうば》、小銅場《こどうば》、鋼造場《かねつくりば》と順番に運ばれていき、鋼造師《かねつくりし》の手で小さな塊に破砕されて、玉鋼や銑《ずく》、大鍛冶屋用などに選別される。

こうした選別は鉧の部分的な品質や炭素量で決められる。ちなみに、玉鋼にも等級がある。玉鋼一級品は炭素一・〇～一・五パーセントで、破面が均質なもの。玉鋼二級品は炭素〇・五～一・二パーセントで、破面がやや均質なもの。玉鋼三級品は炭素

○・二〜一・○パーセントで、破面が粗野なもの。
これは大銅場で鉧を大割りした際に、炭素量の少ない部分が炭素が高くて硬い部分から剝離《はくり》することから、別名「大割下」とも呼ばれている。
また、銑は炭素一・七パーセント以上を含有して、溶解が進んだものをいい、そして大鍛冶屋用は鉄、鋼、銑、半還元鉄、鉱滓、木炭などが混成して、炭素量にばらつきがある。

鉧から選別された玉鋼。写真は一級のもの。これが全国の刀匠に送られ、鍛錬された後、日本刀へと生まれ変わる。

小鍛冶が刀匠や一般の鍛冶などの製品生産者を指すのに対し、かつては大鍛冶はその元となる原材料の生産者を指し、大鍛冶用の鉧は彼らの手によって卸《おろ》し金《がね》にされ、包丁鉄などの原材料に加工された。

大地から産する砂鉄や木炭や土が、太陽を象徴する清浄な火との交わりによって産まれ出ずる玉のような鋼は、古代たたらに賭ける男たちの魂を凝縮した〝魂鋼《たまはがね》〟でもある。

あとがき

『鉄に聴け　鍛冶屋列伝』は、『ナイフマガジン』誌に「僕の鍛冶屋修業」と題して、一九九一年六月号から一九九七年六月号まで、六年間連載されたものに、大幅に加筆改稿しました。

日本の打ち刃物の奥義を求めて各地を駆け回ってから、忙殺にかまけているうちに長い歳月がたってしまい、その間に亡くなられた方もたくさんおられます。

振り返ってみれば、いずれも鍛冶の名工ばかり。また刃物を現場で扱う職人や仕事師の方々も、それぞれの生業を通して日本の打ち刃物を道具として極めた名人揃いで、俄弟子を標榜して押しかけた無謀にいまは冷汗三斗の心境です。

ただ一抹の救いがあるとすれば、優れた名人たちが現場で隠すことなく披瀝してくれた技の数々や、決して饒舌ではない言葉を推理、裏読みしながら、自分なりに咀嚼していった事々が、彼らの神髄に触れられる一端になったのであれば、この上ない幸せです。

私自身にとっても、鍛冶にとどまらず、人生修業のかけがえのない貴重な年月でした。ここに、あらためて感謝を申し上げるとともに、亡くなられた方々のご冥福をお祈りいたします。

令和元年　遠藤ケイ

謝辞

最後に、私淑してきた刀匠の加藤清志さんをはじめ、教えを受けた多くの師匠の皆さんに、心から感謝を申し上げたい。そして『ナイフマガジン』誌で連載を続けるにあたって、ひとかたならないお世話になった吉田香織さんや、ずっと旅に同行してくれたカメラマンの熊谷義久さんと、グリーンアロー出版社の小川俊介さん、また、今回長い年月を経て、思いがけず書籍化していただいた筑摩書房の永田士郎さんに、心からお礼を申し添えたい。

本書はちくま文庫オリジナルです。

ちくま文庫

鉄《てつ》に聴《き》け　鍛冶屋《かじや》列伝《れつでん》

二〇一九年九月十日　第一刷発行

著　者　遠藤ケイ（えんどう・けい）

発行者　喜入冬子

発行所　株式会社　筑摩書房
東京都台東区蔵前二―五―三　〒一一一―八七五五
電話番号　〇三―五六八七―二六〇一（代表）

装幀者　安野光雅

印刷所　三松堂印刷株式会社

製本所　三松堂印刷株式会社

ISBN978-4-480-43617-7　C0195